AF597169

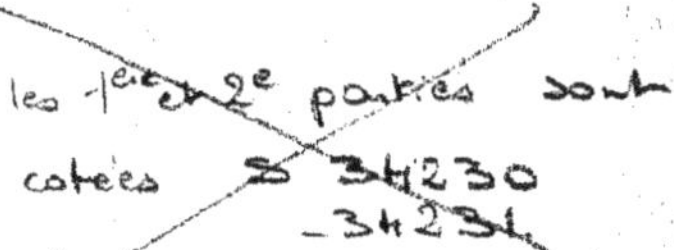

TROISIÈME PARTIE.

SYSTÈMES
DE DIVERSES CLASSES
D'ANIMAUX SANS VERTÈBRES.

Voyez, pour la distribution et le plan suivi dans la rédaction des matières relatives aux Animaux sans vertèbres, l'avis mis en tête de la IIe Partie de ce Ier Volume.

SYSTÈME

DES ANNELIDES (1),

PRINCIPALEMENT

DE CELLES DES CÔTES DE L'ÉGYPTE

ET DE LA SYRIE,

Offrant les Caractères tant distinctifs que naturels des Ordres, Familles et Genres, avec la Description des Espèces;

PAR JULES-CÉSAR SAVIGNY,

MEMBRE DE L'INSTITUT D'ÉGYPTE.

AVANT de tenter une nouvelle classification des *ANNELIDES* (2), il falloit essayer de perfectionner la connoissance encore imparfaite que l'on avoit de leur économie extérieure; connoissance si nécessaire pour retrouver dans les divers genres et comparer entre eux des organes sujets à se dérober à la vue par leur petitesse, leur état de rétraction, ou à la tromper par des transformations singulières (3). La *tête*, par exemple, n'étoit pas signalée, comme elle auroit dû l'être, par la présence des yeux et des antennes : on attribuoit une partie si importante à des espèces qui ne l'ont point, pas plus du moins que les mollusques acéphales, auxquels on s'accorde à la refuser; tandis que, dans les espèces qui la possèdent, on la négligeoit, en prenant géné-

(1) Depuis la communication que j'ai faite de ce système à l'académie des sciences, j'y ai introduit quatre genres nouveaux, ARICIA, MYRIANA, OPHELIA et HÆMOCHARIS, contenant chacun une espèce, et j'ai placé cinq espèces nouvelles dans les genres POLYNOË, SERPULA, CLYMENE, CLEPSINE et SANGUISUGA, précédemment établis. On n'y trouvera aucun autre changement important.

(2) Tous les naturalistes savent que M. Cuvier est le créateur de la classe des *VERS À SANG ROUGE*, désignés ensuite par la dénomination plus précise d'*ANNELIDES*, qu'il en a depuis long-temps fait connoître l'organisation générale, et distingué les principaux genres. On doit donc consulter avant tout l'*Anatomie comparée* et le *Règne animal distribué d'après son organisation.*

(3) Voyez mes *Mémoires sur les Annelides.*

ralement pour elle les premiers segmens du corps. La *trompe* n'étoit considérée que comme un organe fort accessoire, et l'on ignoroit le mode de structure auquel elle est essentiellement associée. Les *mâchoires* étoient censées toujours horizontales et disposées par paires; leur mouvement vertical dans certaines espèces, et leur nombre différent des deux côtés dans beaucoup d'autres, sont des modifications dont on n'avoit aucune idée. Les *tentacules* n'étoient point définis; j'ai restreint ce nom à des filets charnus, inarticulés et simplement contractiles, qui entourent immédiatement l'orifice de la bouche. Les *yeux* n'avoient ni leur nombre ni leur position fixés. Les *antennes* étoient méconnues; on n'avoit aucunement songé à chercher dans les Annelides des organes identiques avec les antennes des insectes (1); aussi leur insertion et leur nombre étoient-ils loin d'être déterminés : lorsque les antennes étoient fort petites, elles restoient ignorées; lorsqu'elles étoient grandes et facilement visibles, elles recevoient des auteurs les noms de *tentacules* ou de *cirres*, dénominations vagues et communes à d'autres appendices. Les *pieds* n'étoient pas suffisamment assimilés aux pieds des crustacés ou des insectes auxquels ils correspondent, et dont ils semblent quelquefois ne différer essentiellement que par leurs faisceaux de soies métalliques : le nombre de parties dont ils se composent, *rames* et *cirres*, ne se trouvoit pas arrêté; de sorte que ces parties étoient ordinairement considérées et présentées comme des organes distincts et indépendans. On n'avoit point suivi ces mêmes pieds dans leurs diverses transformations; les plus voisins de la tête étoient parfois confondus avec les antennes, et décrits sous les noms impropres que l'on donnoit à ces antennes. Les formes variées de leurs *soies* n'avoient point été remarquées; il y a même une sorte de soies commune à tout un ordre, celle des *soies à crochets*, dont les naturalistes ne soupçonnoient pas l'existence. Les *élytres* ou *écailles dorsales* n'étoient pas reconnues pour ce qu'elles sont, c'est-à-dire, pour des appendices comparables, à certains égards, aux ailes ou aux élytres des insectes, et sujets, comme elles, à manquer dans certaines espèces d'une famille, quoiqu'ils existent dans les autres. Les *branchies* étoient supposées saillantes et visibles à l'extérieur dans des espèces où il ne s'en montre point de telles, &c. &c. Nous énumérerons succinctement, en tête des ordres que nous avons adoptés, les modifications qui leur sont particulières; mais nous devons tracer d'abord les caractères distinctifs de chacun d'eux.

(1) Le mot d'*antennes* échappe bien quelquefois à Othon Fabricius et à d'autres zoographes, dans la description de certaines annelides; mais l'usage qu'ils en font prouve qu'ils n'y attachent pas un sens rigoureux.

ORDRES DES ANNELIDES.

PREMIÈRE DIVISION.

DES SOIES POUR LA LOCOMOTION.

ORDRE 1. *A. NÉRÉIDÉES,* A. NEREIDEÆ.

Des pieds pourvus de soies rétractiles subulées; point de soies rétractiles à crochets.

Une tête distincte, munie d'yeux et d'antennes.

Une trompe protractile, presque toujours armée de mâchoires.

ORDRE 2. *A. SERPULÉES,* A. SERPULEÆ.

Des pieds pourvus de soies rétractiles subulées et de soies rétractiles à crochets.

Point de tête munie d'yeux et d'antennes.

Point de trompe protractile armée de mâchoires.

ORDRE 3. *A. LOMBRICINES,* A. LUMBRICINÆ.

Point de pieds saillans; des soies rarement rétractiles.

Point de tête munie d'yeux et d'antennes.

Point de mâchoires.

DEUXIÈME DIVISION.

POINT DE SOIES POUR LA LOCOMOTION.

ORDRE 4. *A. HIRUDINÉES,* A. HIRUDINEÆ.

Une cavité préhensile à chacune des extrémités.
Des yeux.

OBSERVATION. — Un 5.e ordre doit comprendre les Annelides sans soies et sans cavités préhensiles. Nous en traiterons dans un supplément.

ORDRE I.er

LES ANNELIDES NÉRÉIDÉES,
ANNELIDES NEREIDEÆ.

Les ANNELIDES NÉRÉIDÉES sont agiles, carnassières, et destinées plus spécialement que les autres à la vie errante : l'organisation qui les distingue à l'extérieur, permet d'observer, 1.° la *tête*, 2.° la *trompe* ou la *bouche*, 3.° le *corps* proprement dit et ses appendices.

La *tête*, qui consiste en un petit renflement antérieur et supérieur, sans articulation mobile, présente les *antennes* et les *yeux*.

Les *antennes*, que leur nom définit suffisamment, sont au nombre de cinq; savoir, une *impaire*, deux *mitoyennes* et deux *extérieures*. Ces trois sortes d'antennes existent simultanément ou séparément; elles sont insérées plus près ou plus loin du premier anneau du corps, dont l'antenne impaire se rapproche plus que les autres; elles sont aussi plus ou moins sensiblement articulées, plus ou moins rétractiles.

Les *yeux*, au nombre de deux ou de quatre, ne sont jamais placés au-devant des antennes, mais derrière, entre les antennes et le premier anneau du corps.

La *trompe* est charnue, composée d'un seul anneau, ou de deux anneaux distincts; retirée dans le corps quand l'animal n'en fait point usage, mais susceptible d'une sorte de déroulement qui l'émet rapidement au dehors; nue ou garnie de *tentacules*, et presque toujours armée de *mâchoires :* elle constitue essentiellement la bouche (1).

Les *tentacules* sont inarticulés, contractiles, épars sur la trompe, ou disposés en couronne à son orifice.

Les *mâchoires*, toujours situées à ce même orifice, sont tantôt au nombre de deux ou de quatre en opposition; tantôt au nombre de sept ou de neuf, articulées les unes au-dessus des autres, sur deux

(1) L'ouverture que l'on prend communément pour la bouche n'est que l'entrée de la cavité causée par la retraite de la trompe, et dont les bords plissés ou froncés occupent en général les deux ou trois premiers segmens du corps.

rangs supportés par une double tige, sans compter deux pièces plus simples réunies en lèvre inférieure (1).

Le *corps* se divise en anneaux ou *segmens*, qui portent chacun une paire de pieds à laquelle se trouve communément associée une paire de branchies.

Le *premier segment*, seul ou réuni à quelques-uns des suivans, forme souvent un anneau plus grand que les autres, plus apparent que la tête, et que l'on a pu facilement confondre avec elle.

Le *dernier segment* offre un anus plissé, tourné en dessus.

Les *pieds* se subdivisent généralement en deux *rames*, une supérieure ou *dorsale*, une inférieure ou *ventrale*; la rame ventrale est la plus saillante et la mieux organisée pour le mouvement progressif.

On observe à chaque *rame*, 1.° le *cirre*, 2.° les *soies*.

Les *cirres* sont des filets tubuleux, sub-articulés, communément rétractiles, fort analogues aux antennes : ce sont les antennes du corps. Les cirres des rames dorsales, ou *cirres supérieurs*, sont assez constamment plus longs que les *cirres inférieurs*.

Les *soies* de chaque rame traversent les fibres de la peau, et pénètrent avec leurs fourreaux dans l'intérieur du corps, où sont fixés les muscles destinés à les mouvoir. Nous trouverons dans l'ordre suivant des soies courtes et dentées, qui restent contenues dans l'épaisseur de la peau; ce sont celles auxquelles j'ai donné le nom de *soies à crochets*. Les autres, à cause de leur forme la plus générale, prennent le nom de *soies subulées*.

Les *soies subulées* (setæ subulatæ, *ou simplement* setæ) doivent être elles-mêmes distinguées en *soies proprement dites* et en *acicules*.

Les *soies proprement dites* (festucæ) sont toujours grêles et nombreuses, rassemblées par *rangs* complexes ou par *faisceaux* qui ont chacun leur gaîne propre et sortent des côtés ou du sommet de chaque rame. La rame ventrale n'a communément qu'un seul de ces rangs ou de ces faisceaux; la rame dorsale en a souvent deux et quelquefois davantage. Quant à la forme particulière des soies, elles sont cylindriques, ou prismatiques, ou aplaties, droites ou légè-

(1) Ces mâchoires ont de l'analogie avec celles de certains mollusques, principalement avec les mâchoires ou dents nombreuses des Oscabrions. Comme elles sont en quelque façon intérieures, M. Duméril, *Zool. analyt. pag.* 296, les compare aux dents de l'estomac de certains crustacés.

rement

rement courbées, et presque toujours rétrécies sensiblement de la base au sommet; vers le sommet, quelques-unes ont une petite dent et paroissent fourchues, d'autres sont légèrement dilatées et garnies d'aspérités : il y en a même qui ont la pointe réfléchie, ou courbée, ou torse, surmontée d'une arête ou d'une petite lame mobile ; toutefois, la plupart l'ont droite et simplement aiguë. Il est rare que leur intérieur soit fistuleux : presque toutes sont solides, fermes et roides; cependant certains genres en portent qui sont fines et flexibles comme des cheveux.

J'appelle *acicules* (aciculi) des soies plus grosses que les autres, droites, coniques, très-aiguës, contenues dans un fourreau dont l'orifice particulier se reconnoît à sa saillie. Les *acicules* se distinguent encore par leur couleur brune, noire, ou différente de celle des autres soies auxquelles ils sont associés. Quelques genres en manquent; et quand ils existent, on en trouve rarement plus d'un à chaque rame ou à chaque faisceau principal. Celui de la rame ventrale est constamment le plus fort.

La première paire de pieds, et une, deux ou même trois des suivantes, manquent souvent de soies, et ne conservent que leurs cirres, qui, d'ordinaire, acquièrent alors plus de développement, et constituent ce que je nomme *cirres tentaculaires.* La forme des cirres tentaculaires n'a pas peu contribué à faire prendre les premiers segmens du corps pour la tête ou une portion de la tête.

La dernière paire de pieds constitue, par une transformation analogue, les *styles* ou longs filets qui accompagnent l'anus et terminent ordinairement le corps (1).

Enfin certaines paires de pieds semblent parfois privées de cirre supérieur : c'est sur les espèces où cette absence a lieu que se manifeste la présence des *élytres* ou *écailles dorsales;* appendices propres à une seule famille, et qui quelquefois manquent eux-mêmes (2).

Les *branchies* varient beaucoup dans leur étendue et leur configuration. Elles sont distribuées sur les côtés du corps, une à chaque pied, qui quelquefois semble subdivisée en plusieurs autres. Elles

(1) Des filets fort semblables se présentent dans beaucoup d'Insectes Apiropodes et Hexapodes. *Voyez* les Mémoires où je donne la théorie des organes extérieurs de ces animaux.

(2) Les élytres ou ailes des Insectes Hexapodes sont attachées au deuxième et au troisième segmens du corps; il y a cependant de petites familles, comme celle des *Stylops*, *Xenos*, &c. où le premier segment porte deux élytres, tandis que le second en est dépourvu.

manquent communément près de la tête et de l'anus, et toujours elles y sont moins développées qu'au milieu du corps; elles sont aussi plus ou moins rouges dans l'état de vie. Les branchies ne sont pas toujours distinctes : quelquefois les vaisseaux semblent pénétrer dans les cirres et les convertir en organes respiratoires; quelquefois ils s'arrêtent et rampent à la base des rames (1).

(1) Je dois, pour compléter l'énumération des organes extérieurs des Néréidées, faire aussi mention de deux pertuis, pores ou tubes placés sous la plupart des segmens, un de chaque côté, vers la base de la rame ventrale. *Voyez* ce que je dis, dans mes Mémoires, de ces petits orifices, qui sont communs à toutes ou à presque toutes les Annelides.

DISTRIBUTION ET CARACTÈRES
DES
ANNELIDES NÉRÉIDÉES.

I.

Branchies *en forme de petites crêtes, ou de petites lames simples, ou de languettes, ou de filets pectinés tout au plus d'un côté; quelquefois ne faisant point saillie et pouvant passer pour absolument nulles.* — *Des* acicules.

FAMILLE 1. *LES APHRODITES,* APHRODITÆ.

Branchies et *cirres supérieurs* nuls à la seconde paire de pieds, à la quatrième et à la cinquième; nuls encore à la septième, la neuvième, la onzième, et ainsi de suite jusqu'à la vingt-troisième, ou même la vingt-cinquième inclusivement. — Quatre *mâchoires.*

1. PALMYRA. *Trompe* pourvue de *mâchoires* cartilagineuses, sans *tentacules* à son orifice. — *Branchies* cessant d'alterner après la vingt-cinquième paire de pieds. — Point d'*élytres* ou d'*écailles* sur le dos.

2. HALITHEA. *Trompe* pourvue de *mâchoires* cartilagineuses; couronnée, à son orifice, de *tentacules* composés et en forme de houppe. — *Branchies* cessant d'alterner après la vingt-cinquième paire de pieds. — Des *élytres* ou *écailles* couchées sur le dos.
   1. *Élytres* couvertes par une voûte de soies feutrées.
   2. *Élytres* découvertes.

3. POLYNOË. *Trompe* pourvue de *mâchoires* cornées ; couronnée, à son orifice, de *tentacules* simples. — *Branchies* cessant d'alterner après la vingt-troisième paire de pieds. — Des *élytres.*
   1. Point d'*antenne impaire.*
   2. Une *antenne impaire.*

FAMILLE 2. *LES NÉRÉIDES*, NEREIDES.

Branchies, lorsqu'elles sont distinctes, et *cirres supérieurs*, existant à tous les pieds sans interruption. — Deux *mâchoires* seulement, ou point de *mâchoires*.

SECTION 1.re Des *mâchoires*. — *Antennes* courtes, de deux articles; point d'*antenne impaire*. (*NÉRÉIDES LYCORIENNES.*)

4. LYCORIS. *Trompe* sans *tentacules* à son orifice. — *Antennes extérieures* plus grosses que les *mitoyennes*. — Première et seconde paires de pieds converties en quatre paires de *cirres tentaculaires*. — Des *branchies* distinctes des cirres.

5. NEPHTHYS. *Trompe* garnie de *tentacules* à son orifice. — *Antennes extérieures* et *mitoyennes* égales. — Point de *cirres tentaculaires*. — Tous les *cirres* courts, presque nuls. — Des *branchies* distinctes.

SECTION 2. Point de *mâchoires*. — *Antennes* courtes, de deux articles; point d'*antenne impaire*. (*NÉRÉIDES GLYCÉRIENNES.*)

6. ARICIA. *Trompe* sans *tentacules* à son orifice. — *Antennes* égales. — Point de *cirres tentaculaires;* la première paire de pieds et les suivantes, jusqu'au vingt-troisième segment, en crêtes dentelées. — *Cirres supérieurs* alongés; les *inférieurs* comme nuls. — Des *branchies* distinctes.

7. GLYCERA. *Trompe* sans *tentacules* à son orifice. — *Antennes* égales. — Point de *cirres tentaculaires*, ni de pieds en crêtes dentelées. — Tous les *cirres* en mamelons très-courts. — Des *branchies* distinctes.

8. OPHELIA. *Trompe* couronnée de *tentacules* à son orifice. — *Antennes* égales. — Point de *cirres tentaculaires*. — Les *cirres inférieurs* des pieds intermédiaires, très-longs; tous les autres nuls ou très-courts. — Point de *branchies* distinctes.

9. HESIONE. *Trompe* sans *tentacules* à son orifice. — *Antennes* égales. — Première, deuxième, troisième et quatrième paires de pieds converties en huit paires de *cirres tentaculaires*. — Tous les *cirres* très-longs, filiformes et rétractiles. — Point de *branchies* distinctes.

10. MYRIANA. *Trompe* hérissée de courts *tentacules*. — *Antennes* égales. — Première, deuxième, troisième et quatrième paires de pieds converties en huit *cirres tentaculaires*. — *Cirres supérieurs* et *inférieurs* des autres pieds, longs et rétractiles. — Point de *branchies* distinctes.

11. PHYLLODOCE. *Trompe* couronnée de *tentacules* à son orifice. — *Antennes* égales. — Première, deuxième, troisième et quatrième paires de pieds converties en huit *cirres tentaculaires.* — *Cirres supérieurs* et *inférieurs* des autres pieds, comprimés en forme de feuilles, non rétractiles. — Point d'autres *branchies.*

SECTION 3. Point de *mâchoires.* — *Antennes* longues, composées de beaucoup d'articles; une *antenne impaire.* (*NÉRÉIDES SYLLIENNES.*)

12. SYLLIS. *Trompe* sans *tentacules*, mais armée d'une petite corne à son orifice. — *Antennes extérieures* et *impaire* moniliformes; les *mitoyennes* nulles. — Première paire de pieds convertie en deux paires de *cirres tentaculaires* moniliformes. — Les *cirres supérieurs* de tous les pieds suivans, également moniliformes. — Point de *branchies.*

FAMILLE 3. *LES EUNICES*, EUNICÆ.

Branchies, lorsqu'elles sont distinctes, et *cirres supérieurs*, existant à tous les pieds sans interruption. — *Mâchoires* nombreuses, celles du côté droit moins que celles du côté gauche. — *Pieds* du premier segment nuls; ceux du second nuls ou changés en deux cirres tentaculaires.

13. LEODICE. *Trompe* armée de sept *mâchoires*, trois du côté droit, quatre du côté gauche; les deux mâchoires intérieures et inférieures très-simples. — *Antennes* découvertes : les *extérieures* longues, filiformes; les *mitoyennes* et l'*impaire* de même. — *Branchies* pectinées. — *Front* à deux ou à quatre lobes.

1. Deux *cirres tentaculaires.*
2. Point de *cirres tentaculaires.*

14. LYSIDICE. *Trompe* armée de sept *mâchoires*, trois du côté droit, quatre du côté gauche; les deux mâchoires intérieures et inférieures très-simples. — *Antennes* découvertes : les *extérieures* nulles; les *mitoyennes* très-courtes; l'*impaire* de même. — *Branchies* indistinctes. — *Front* arrondi.

15. AGLAURA. *Trompe* armée de neuf *mâchoires*, quatre du côté droit, cinq du côté gauche; les deux mâchoires intérieures et inférieures fortement dentées en scie. — *Antennes* couvertes : les *extérieures* nulles; les *mitoyennes* et l'*impaire* très-courtes. — *Branchies* indistinctes. — *Front* caché sous la saillie antérieure du premier segment, qui est divisée en deux lobes.

16. ŒNONE. *Trompe* armée de neuf *mâchoires*, quatre du côté droit, cinq du côté gauche; les deux mâchoires intérieures et inférieures fortement dentées en scie. — *Antennes* comme nulles. — *Branchies* indistinctes. — *Front* caché sous le premier segment, dont la saillie antérieure est arrondie.

II.

Branchies *en forme de feuilles très-compliquées, ou de houppes, ou d'arbuscules très-rameux, toujours grandes et très-apparentes. — Point d'*acicules.

FAMILLE 4. *LES AMPHINOMES*, AMPHINOMÆ.

Branchies et *cirres supérieurs* existant sans interruption à tous les pieds. — Point de *mâchoires*.

17. CLOEIA. *Trompe* pourvue d'un double palais inférieur et de stries dentelées. — *Antennes extérieures* et *mitoyennes* subulées; l'*impaire* de même. — *Branchies* en forme de feuilles tripinnatifides, écartées de la base des rames supérieures. — Un *cirre surnuméraire* aux rames supérieures des quatre à cinq premières paires de pieds.

18. PLEIONE. *Trompe* pourvue d'un double palais et de stries dentelées. — *Antennes extérieures* et *mitoyennes* subulées; l'*impaire* de même. — *Branchies* en forme de houppes ou de buissons touffus, recouvrant la base des rames supérieures. — Point de *cirres surnuméraires*.

19. EUPHROSYNE. *Trompe* sans palais saillant ni stries dentelées. — *Antennes extérieures* et *mitoyennes* nulles, l'*impaire* subulée. — *Branchies* subdivisées en sept arbuscules rameux, situés derrière les pieds, et s'étendant d'une rame à l'autre. — Un *cirre surnuméraire* à toutes les rames supérieures.

LES ANNELIDES NÉRÉIDÉES.

PREMIÈRE FAMILLE.

LES APHRODITES, APHRODITÆ.

BRANCHIES petites, en forme de crête ou de mamelon, situées sur les côtés du dos, à la base supérieure des rames dorsales. Ces branchies manquent constamment aux rames de la seconde paire de pieds, puis à celles de la quatrième et de la cinquième paires; puis encore aux rames des septième, neuvième, onzième, et de toutes celles qui, parmi les suivantes, correspondent aux nombres impairs, jusqu'à la vingt-troisième ou même jusqu'à la vingt-cinquième inclusivement : après quoi elles ne disparoissent plus, ou disparoissent dans un autre ordre; elles déterminent par leur absence celle des cirres supérieurs, et sont, conjointement avec eux, presque toujours remplacées par autant d'élytres ou d'écailles qui s'appliquent sur le dos et se recouvrent mutuellement.

ÉLYTRES (quand elles existent) au nombre de douze paires au moins et de treize au plus, pour les vingt-trois ou vingt-cinq segmens qui paroissent composer essentiellement le corps; suivies ou non suivies d'une ou plusieurs autres paires d'élytres surnuméraires : les unes et les autres formées de deux membranes susceptibles de s'écarter et de laisser un vide entre elles; la membrane supérieure épaisse, quelquefois cornée; l'inférieure mince, prolongée, sous son côté externe, en un pédicule tubuleux qui s'attache sur la base des rames sans branchies, presque au même point où seroit insérée la branchie elle-même.

BOUCHE composée d'une trompe et de quatre mâchoires. — *Trompe* cylindrique, grande, fendue transversalement à l'extrémité, et garnie, vers cet orifice, de plis saillans ou de petits tentacules. — *Mâchoires* cornées ou cartilagineuses, plates, courtes, libres tout au plus à la pointe; semblables entre elles et rapprochées par paires, qui se meuvent sur-tout dans le sens vertical, la paire supérieure agissant sur l'inférieure, et réciproquement.

YEUX souvent au nombre de quatre; deux antérieurs écartés, et deux postérieurs.

ANTENNES rétractiles, alongées, généralement en nombre complet : les *mitoyennes* composées de deux articles, dont le premier est le plus court, quelquefois nulles; l'*impaire* de même; les *extérieures* toujours existantes et toujours plus grandes que les autres, finement annelées, coniques, très-déliées à la pointe.

PIEDS à *rames* tantôt séparées et distinctes, tantôt réunies en une seule, munies d'acicules. *Cirres* très-apparens, généralement composés de deux articles principaux, dont un, plus gros et sur-tout plus court, sert de base à l'autre, qui est complétement rétractile: *cirres supérieurs* grands, dépassant les soies, qui elles-mêmes dépassent les *cirres inférieurs*. La première paire de pieds ayant les deux rames intimement unies, sans soies ou avec des soies peu nombreuses, et les deux cirres égaux, alongés, presque *tentaculaires*. La seconde paire de pieds ayant aussi le cirre inférieur presque tentaculaire, ou du moins plus grand que les suivans, et semblable en tout aux cirres supérieurs (1).

GENRE I, PALMYRA.

BOUCHE : *Trompe* dépourvue de tentacules à son orifice.
Mâchoires demi-cartilagineuses.

YEUX dictincts au nombre de deux.

ANTENNES complètes :
Les *mitoyennes* très-petites, coniques;
L'*impaire* semblable aux mitoyennes, un peu plus longue ;
Les *extérieures* grandes.

(1) Ajoutez comme caractère anatomique: INTESTIN garni de nombreux *cæcums*, qui le font paroître ailé depuis l'œsophage jusqu'à l'anus.

Les *cæcums* sont divisés profondément dans les Halithées *proprement dites*, légèrement dans les Halithées *Hermiones* : ils sont entiers dans les Polynoés. Consultez les Mémoires pour de plus amples détails.

Pieds à deux rames séparées : la *rame dorsale* avec deux faisceaux inégaux de soies inclinées en arrière; la *rame ventrale* à un seul faisceau de soies fourchues.

Cirres, tant les *supérieurs* que les *inférieurs*, grêles, cylindriques, terminés par un petit filet également cylindrique et renflé au bout : les cirres supérieurs insérés derrière la base du faisceau inférieur des rames dorsales.

Première paire de pieds garnie de quelques soies; la *dernière* à peu près semblable aux autres.

Branchies peu visibles, cessant de disparoître et reparoître alternativement à chaque segment après la vingt-cinquième paire de pieds.

Élytres nulles.

Tête déprimée, un peu saillante au-dessous des antennes.

Corps oblong, déprimé, composé d'anneaux peu nombreux.

ESPÈCE.

1. Palmyra aurifera. *Palmyre aurifère.*

N. palmifera. *Cuv. Collect.*

Palmyra aurifera. *Lam. Hist. des anim. sans vertèbres, tom. V, pag. 306, n.° 1* (1).

Nouvelle et fort belle espèce découverte à l'Ile de France par M. Mathieu, et qui se trouve aussi probablement dans la mer Rouge; communiquée par M. Cuvier.

Corps long d'un pouce, obtus aux deux bouts, formé de trente segmens et pourvu par conséquent de trente paires de pieds : la vingt-huitième paire manque de branchies et de cirres supérieurs, de sorte que, si le dos portoit des élytres, il en auroit quatorze de chaque côté. *Rames dorsales* à deux faisceaux de soies très-inégaux : l'inférieur ne consistant qu'en un petit bouquet de poils fins et courts; le faisceau supérieur composé de soies grandes, plates, élargies sensiblement de la base au sommet, obtuses, étagées, courbées et disposées en palmes voûtées, qui peuvent se recouvrir mutuellement. Ces palmes brillent de l'éclat de l'or le plus pur, et produisent un effet agréable sur le fond brun nacré du dos; elles sont semblables à tous les pieds, et la première paire de pieds elle-même en porte deux petites qui recouvrent la tête. *Rames ventrales* à soies fines, roides, légèrement courbées à leur pointe, avec une épine au-dessous qui les fait paroître fourchues. *Acicules* presque du même or que les soies. Cette espèce a beaucoup de rapports avec celle que je place dans la II.e tribu du genre suivant.

(1) M. de Lamarck ayant généralement adopté la nomenclature et les caractères proposés dans le présent système, nous ne citerons désormais son ouvrage qu'aux endroits où il s'en est écarté.

GENRE II, HALITHEA.

BOUCHE : *Trompe* couronnée, à son orifice, d'un cercle de tentacules composés, très-subdivisés et en forme de houppes.

Mâchoires cartilagineuses, minces, peu visibles.

YEUX distincts au nombre de deux.

ANTENNES incomplètes :

Les *mitoyennes* nulles (ou habituellement rentrées et point visibles);
L'*impaire* petite, subulée;
Les *extérieures* grandes.

PIEDS à deux rames séparées : la *rame dorsale* avec deux grands faisceaux ou rangs de soies roides, inclinées en arrière ; la *rame ventrale* pourvue d'un faisceau de deux à trois rangs de soies simples ou fourchues.

Cirres, tant les *supérieurs* que les *inférieurs,* coniques, et terminés insensiblement en pointe : les cirres supérieurs insérés derrière la base du second faisceau de soies roides des rames dorsales.

Première paire de pieds garnie de quelques soies; la *dernière* semblable aux autres.

BRANCHIES facilement visibles, dentelées, cessant de disparoître et reparoître alternativement à chaque segment, après la vingt-cinquième paire de pieds.

ÉLYTRES au nombre de treize paires, pour le corps proprement dit : la treizième paire, qui correspond nécessairement à la vingt-cinquième paire de pieds, est ordinairement suivie de quelques autres paires d'élytres surnuméraires, maintenues, ainsi que les précédentes, par les soies des rames dorsales.

TÊTE convexe en dessus, à front comprimé et saillant, sous forme de feuillet, entre les antennes.

CORPS ovale ou elliptique, formé d'anneaux peu nombreux.

ESPÈCES.

I.re Tribu. HALITHEÆ *SIMPLICES.*

Antennes mitoyennes nulles.

Rames dorsales ayant toutes des rangs de soies roides semblables; la base inférieure de ces mêmes rames portant de plus deux faisceaux, et la supérieure, mais sur les segmens squamifères seulement, un troisième faisceau, de soies longues excessivement fines et flexibles; ces soies, celles du faisceau le plus inférieur exceptées, s'unissant en partie aux soies correspondantes du côté opposé, pour former sur le dos une voûte épaisse et feutrée qui recouvre entièrement les *élytres*.

Rames ventrales portant trois rangs de soies simplement pointues.

1. HALITHEA aculeata. *Halithée hérissée.*

Physalus. *SWAMMERD. Bibl. natur. tab. 10, fig. 8.*

Hystrix marina. *RED. Opusc. III, pag. 276, tab. 25.*

Aphrodita aculeata. *BAST. Opusc. subs. part. II, lib. II, pag. 62, tab. 6, fig. 1-4.* — *LINN. Syst. nat. ed. 12, tom. I, pag. 1084, n.° 1.*

Aphrodita aculeata. *PALL. Misc. zool. pag. 77, tabl. 7, fig. 1-13.* — *BRUG. Encycl. méth. Dict. des vers, tom. I, pag. 85, n.° 1, et pl. 61, fig. 6-14.*

Aphrodita aculeata. *CUV. Dict. des scienc. nat. tom. II, pag. 282;* et *Règn. anim. tom. II, page 585.*

Espèce des mers d'Europe commune à l'Océan et à la Méditerranée.

CORPS long de quatre à cinq pouces, elliptique ou plutôt ovale-oblong, rétréci en arrière, composé de trente-neuf segmens, et pourvu de quinze paires d'élytres sur trois individus que j'ai examinés, le vingt-huitième et le trente-unième segmens portant les deux paires d'élytres surnuméraires. *Mâchoires* à peu près nulles. *Élytres* molles, glabres, sous-orbiculaires, petites aux deux extrémités du dos, sur-tout vers la tête, légèrement imbriquées dans leur jonction sur sa ligne moyenne : on ne peut les apercevoir qu'en coupant la voûte épaisse sous laquelle elles sont renfermées. Cette voûte grise, glacée de vert brillant, est percée de tous côtés par les soies roides et brunes des *rames dorsales*. Les soies des *rames ventrales*, également brunes, sont disposées sur trois rangs, dont le supérieur, composé des soies les plus grosses et les moins nombreuses, est seul transverse, relativement au corps. *Acicules* d'un jaune doré; celui de la rame dorsale associé à son rang de soies roides inférieur, comme si le rang supérieur n'étoit que surnuméraire. Couleur du corps, du ventre en particulier, blanchâtre, avec des reflets légers; celle des écailles, orangée en dessus, marquetée de brun. Les fines et longues soies des rames dorsales ont beaucoup d'éclat, et forment autour du corps une épaisse frange d'un beau vert qui se nuance de toutes les vives teintes de l'iris.

2. HALITHEA sericea. *Halithée soyeuse.*

Petite aphrodite voisine de l'hérissée. *Collect. du Mus.*

Espèce nouvelle fort semblable à la précédente, mais plus petite des deux tiers.

CORPS plus ovale, plus brun en dessous. Même nombre, même disposition de pieds et d'écailles. Ces dernières sont blanches et sans taches. Les *soies* du rang inférieur des rames ventrales sont plus fines et plus nombreuses. Les longues soies des rames dorsales sont d'un vert éclatant au-dessus du dos; mais celles qui forment une frange flottante autour du corps, sont de couleur blonde.

II.ᵉ Tribu. Halitheæ *Hermionæ*.

Antennes mitoyennes habituellement rentrées!

Rames dorsales n'ayant pas toutes les mêmes rangs de soies roides : celles qui correspondent aux élytres ont des rangs plus étendus et plus éloignés des rames ventrales. Aucune de ces rames ne portant de soies fines et flottantes, ni de soies feutrées sur le dos. *Élytres* découvertes.

Rames ventrales portant deux rangs de soies fourchues.

3. Halithea hystrix. *Halithée hispide.*

Aphrodite commune. *Cuv. Collect.*

Espèce inédite, qui paroît assez répandue dans la Méditerranée.

Corps long de deux à trois pouces, oblong, déprimé, formé de trente-trois segmens sur trois individus de diverses grandeurs, et très-exactement recouvert par quinze paires d'élytres, les vingt-huitième et trente-unième segmens portant les deux paires surnuméraires. *Élytres* souples, minces, lisses, échancrées obliquement, un peu transverses, croisées dans leur jonction sur le dos. *Antennes* extérieures et *cirres*, tant les supérieurs que les tentaculaires, très-longs, très-déliés à la pointe, d'un brun foncé. *Rames dorsales* à soies plates, longues, très-aiguës : le faisceau supérieur épanoui en palme voûtée; l'inférieur droit, beaucoup plus grand et plus brun : ces deux faisceaux, très-serrés sur les segmens sans élytres, s'y composent aussi de soies plus menues, d'un jaune plus clair. *Rames ventrales* à soies un peu courbées vers la pointe, avec une épine au-dessous. *Acicules* d'un jaune doré. Couleur du ventre, brun clair avec des reflets; celle des élytres, cendrée, lavée de brun ferrugineux.

GENRE III, Polynoë.

Bouche : *Trompe* couronnée, à son orifice, d'un cercle ou plutôt de deux demi-cercles de tentacules simples et coniques.

Mâchoires cornées, courbées, libres à leur pointe.

Yeux distincts au nombre de quatre.

Antennes généralement complètes :

Les *mitoyennes* simplement subulées, ou renflées vers le bout, et terminées par une petite pointe;

L'*impaire* semblable pour la forme aux mitoyennes, quelquefois nulle;

Les *extérieures* médiocres ou grandes.

Pieds à rames rapprochées et réunies en une seule, pourvue uniquement de deux faisceaux de soies : le faisceau supérieur épanoui en une gerbe tronquée d'arrière en avant, ou comme divisé en deux touffes dont l'antérieure est plus courte; le faisceau inférieur comprimé, formé de plusieurs rangs transverses de soies non fourchues.

Cirres tentaculaires et *cirres supérieurs* dilatés à la base, presque filiformes, un peu renflés au sommet avec une petite pointe distincte; *cirres inférieurs* coniques, avec ou sans petite pointe.

Première paire de pieds communément dépourvue de soies; la *dernière* presque toujours réduite aux deux cirres supérieurs convertis en *styles* ou filets terminaux.

BRANCHIES facilement visibles, simples, cessant de disparoître et reparoître alternativement à chaque segment après la vingt-troisième paire de pieds.

ÉLYTRES au nombre de douze paires, pour les anneaux du corps proprement dit; la douzième, qui correspond nécessairement à la vingt-troisième paire de pieds, est suivie, quand le corps se prolonge davantage, d'une ou plusieurs autres paires surnuméraires, qui ne sont, de même que celles qui les précèdent, ni recouvertes ni maintenues par les soies des rames dorsales.

TÊTE déprimée ou peu convexe en dessus, carénée par dessous entre les antennes.

CORPS ovale, ou oblong, ou linéaire, composé de segmens quelquefois nombreux.

ESPÈCES.

I.re Tribu. POLYNOÆ *IPHIONÆ*.

Antenne impaire nulle.

Élytres de consistance écailleuse, celles de chaque rang s'imbriquant très-exactement avec celles du rang opposé, et recouvrant ainsi tout le dos.

Point de *styles* ou de filets postérieurs.

Corps ovale ou elliptique.

1. POLYNOË muricata. *Polynoé épineuse.*

POLYNOË muricata. *Annelides gravées, planche III, figure* 1; individu du golfe de Suez.

Aphrodite de l'Ile de France. *Collect. du Mus.*

Espèce nouvelle des côtes de la mer Rouge, fort commune à Suez, où elle rampe lentement sur les pierres au fond de l'eau, confondue avec les *Oscabrions*. Découverte aussi à l'Ile de France par M. Mathieu.

Corps long de dix à quinze lignes, ovale-elliptique, déprimé, constamment formé de vingt-neuf segmens, et recouvert de treize paires d'élytres, le vingt-septième segment portant la paire surnuméraire, de sorte qu'il y a trois segmens et trois paires de pieds entre la douzième paire d'élytres et la treizième. *Tête* fort petite à yeux rapprochés sur les côtés. *Trompe* grosse, couronnée de vingt-huit tentacules. *Mâchoires* tridentées. *Antennes mitoyennes* menues; leur premier article égal à la moitié du second, celui-ci presque sétacé. *Antennes extérieures* grandes, un peu renflées au-dessous de leur pointe. Un petit mamelon conique sur la jonction de la tête et du premier segment. *Élytres* placées obliquement sur le dos, auquel elles tiennent par de larges mais très-délicats pédicules, profondément imbriquées, grandes, réniformes, échancrées à leur bord supérieur, réticulées, frangées dans leur contour, et garnies de quelques courtes épines vers leur bord postérieur : les deux premières, presque ovales, sont les plus petites de toutes. *Cirres tentaculaires* avancés, dépassés néanmoins par les antennes extérieures. *Pieds* cachés sous les élytres. *Faisceaux supérieurs* appuyés sur le devant des inférieurs, à soies blondes, fines, flexibles, très-inégales et très-divergentes; la loupe les fait paroître annelées. *Faisceaux inférieurs* à soies ferrugineuses, très-roides, un peu dilatées sous leur pointe, qui est légèrement courbée. *Acicule* supérieur jaune; l'inférieur brun, beaucoup plus grand tant dans cette espèce que dans les suivantes. Ventre blanc, avec de beaux reflets. Le dos est revêtu d'une peau délicate et incolore sous les élytres, qui sont brunes, marquées longitudinalement d'un trait noirâtre.

IIe Tribu. Polynoæ *simplices*.

Antenne impaire aussi grande ou plus grande que les mitoyennes.

Élytres coriaces ou simplement membraneuses, celles de chaque rang s'imbriquant rarement avec celles du rang opposé.

Deux *styles* ou filets postérieurs.

Corps plus ou moins linéaire.

2. Polynoë squamata. *Polynoé écailleuse.*

Aphrodita squamata. *Pall. Misc. zool. pag. 91, tab. 7, fig. 14.*

Aphrodita squamata. *Cuv. Dict. des scienc. nat. tom. I, pag. 283;* et *Régn. anim. tom. II, pag. 525.*

Espèce des mers d'Europe, communiquée par M. Cuvier.

Corps long de dix à douze lignes, oblong-linéaire, obtus aux deux bouts, formé, dans trois individus, de vingt-sept segmens, dont le dernier porte les filets, et recouvert très-exactement par douze paires d'élytres, sans aucune paire surnuméraire. *Tête* aplatie. *Yeux* rapprochés sur les côtés.

Trompe de grandeur moyenne, couronnée de dix-huit tentacules. *Mâchoires* non dentées. *Antennes mitoyennes* ressemblant beaucoup aux cirres supérieurs, et par conséquent renflées vers le bout avec une petite pointe; l'*impaire* de même, plus grande. *Antennes extérieures* épaisses. *Élytres* situées obliquement et croisées sur le dos, auquel elles sont fortement fixées, coriaces, ovales, légèrement échancrées à leur bord supérieur, finement tuberculeuses, frangées dans leur pourtour; elles ne diminuent point de grandeur vers l'anus: les deux premières, parfaitement elliptiques, sont, comme à l'ordinaire, les plus petites de toutes. *Pieds* découverts; seconds cirres tentaculaires dirigés naturellement vers la bouche. *Faisceaux supérieurs* à soies flexibles, tomenteuses, formant au-dessus des inférieurs un bouquet roussâtre peu garni. *Faisceaux inférieurs* composés de soies assez épaisses, roides, âpres et un peu dilatées près de la pointe, qui est aiguë et foiblement courbée; elles sont d'un jaune foncé. *Acicules* ferrugineux. Couleur du ventre, gris nacré; celle des élytres, gris vineux pointillé de brun, relevé d'une tache roussâtre.

La forme et la disposition des élytres rapprochent un peu cette espèce de celle qui précède; mais tous ses autres caractères la rejettent parmi les suivantes.

3. POLYNOË floccosa. *Polynoé houppeuse.*

Espèce nouvelle des côtes de l'Océan.

CORPS long de neuf à dix lignes, oblong-linéaire, rétréci en pointe vers l'anus, formé de quarante segmens, dont le dernier porte les filets, et muni de seize paires d'élytres caduques; les vingt-six, vingt-neuf, trente-deux et trente-cinquième segmens portant les quatre paires surnuméraires, qui laissent par conséquent toujours deux segmens et deux paires de pieds entre elles. *Trompe* de grandeur moyenne. *Mâchoires* dentelées. *Antennes mitoyennes* et *extérieures* comme dans l'espèce précédente; l'*antenne impaire* étoit rentrée. Je ne puis décrire les élytres, qui étoient tombées et que je n'ai pas vues. *Faisceaux supérieurs* à soies flexibles, cylindriques, tomenteuses, formant de petites houppes d'un gris tacheté de brun. *Faisceaux inférieurs* à soies plus longues, roides, hérissées et légèrement coudées au-dessous de leur pointe, d'un jaune ferrugineux. *Acicules* jaunes. Couleur du corps, gris de lin tirant au violet, avec des reflets légers.

4. POLYNOË foliosa. *Polynoë feuillée.*

Aphrodita imbricata. LINN. *Syst. nat. ed. 12, tom. I, pag. 1084, n.° 4.* — GMEL. *Syst. nat. tom. I, pag. 3108, n.° 4.*

Espèce des côtes de l'Océan, communiquée par M. Latreille.

CORPS long de vingt à vingt-deux lignes, oblong-linéaire, peu déprimé, composé de quarante-deux segmens, et muni de dix-huit paires d'élytres caduques, les vingt-six, vingt-neuf, trente-deux, trente-cinq, trente-huit et trente-neuvième segmens portant les six paires d'élytres surnuméraires, le dernier segment portant les filets. *Tête* aplatie. *Trompe* grosse, couronnée de trente tentacules. *Mâchoires* simples. *Antennes mitoyennes* renflées vers le bout, avec une petite pointe ; l'*impaire* conformée de même, sensiblement plus grande. *Antennes extérieures* dépassant de peu l'antenne impaire. *Élytres* très-minces, sous-orbiculaires, molles, glabres, se croisant imparfaitement, les antérieures ne se joignant pas et laissant le milieu du dos à découvert. *Faisceaux supérieurs* peu garnis, et tellement rapprochés des inférieurs qu'il est difficile à l'œil de les en distinguer, à soies fines, flexibles et simples, sans aspect tomenteux *Faisceaux inférieurs* à soies moins fines, moins flexibles, un peu dilatées et striées au-dessous de leur pointe, qui est légèrement courbée; elles sont d'un blond doré, ainsi que les précédentes. *Acicules* d'un jaune plus foncé. Couleur du corps, gris de nacre, avec trois raies violettes et transverses sur les segmens qui portent les branchies. Les élytres ont une teinte de violet.

5. POLYNOË impatiens. *Polynoé vésiculeuse.*

POLYNOË impatiens. *Annelides gravées, planche III, figure* 2; individu du golfe de Suez.

Espèce nouvelle, voisine, par sa conformation, de la précédente, mais moins alongée; elle chemine sur le sable en se balançant avec assez de vivacité. Les côtes de la mer Rouge; le cap Leuwin.

CORPS long de dix-huit à vingt lignes, formé, comme dans la *Polynoé écailleuse*, de vingt-sept segmens, dont le dernier porte de très-courts filets, et recouvert de même par douze paires d'élytres, sans paires surnuméraires. *Tête* renflée sur les côtés. *Mâchoires* simples. *Antennes* petites; les extérieures dépassées par les premiers cirres tentaculaires, qui sont portés en avant. Deux petits mamelons coniques sur la jonction du premier et du second segmens. *Élytres* molles, vésiculeuses, arrondies, scabres, du moins le paroissant à la loupe, se joignant sur le milieu du dos, mais imparfaitement et sans se croiser : la plupart de ces élytres manquoient à un des trois individus que j'ai observés, et cependant celles qui lui restoient ne se détachoient qu'avec difficulté. Les *pieds* diffèrent de ceux de l'espèce précédente par leurs soies plus grosses et plus roides, d'un jaune ferrugineux. Les soies des *faisceaux supérieurs* sont aussi plus nombreuses et mieux distinguées des autres; du reste, elles n'ont de même aucun aspect tomenteux. Couleur blanc bleuâtre, avec les reflets de la nacre sur le corps et une nuance roussâtre sur les écailles; sans taches. J'ai compté vingt-huit tentacules à la trompe (1).

(1) La *Polynoé vésiculeuse* doit être rapprochée de toutes celles qui ont de même douze paires d'élytres non croisées. L'*Aphrodita punctata* de Müller est-elle de ce nombre! Oui, selon la description; non, selon la figure qui la représente, *Zool. dan. tab. 96*, avec quinze paires d'élytres. D'un côté, l'observation semble prouver que le nombre des élytres est constant dans chaque espèce; de l'autre, les descriptions de quelques auteurs estimés, sur-tout les descriptions comparées aux figures, tendent à établir précisément le contraire.

6. Polynoë scolopendrina. *Polynoé scolopendrine.*

Espèce nouvelle des côtes de l'Océan, très-remarquable par sa forme absolument linéaire, et par la nudité de sa partie postérieure, qui est naturellement privée d'écailles, aucun des segmens qui la composent n'étant dépourvu de cirres supérieurs ni de branchies. Découverte par M. d'Orbigny; communiquée par M. Cuvier.

Corps long d'un pouce huit à neuf lignes, très-étroit, formé de quatre-vingt-deux segmens, et muni de quinze paires de petites élytres, les vingt-sixième, vingt-neuvième et trente-deuxième segmens portant les trois paires d'élytres surnuméraires; le dernier segment portant de courts filets. *Trompe* rentrée dans l'individu que j'examine, armée de mâchoires très-dures, brunes, sans denticules. *Antennes* petites; les *mitoyennes* et l'*impaire* beaucoup plus courtes que les *extérieures*, qui sont elles-mêmes moins longues que les cirres tentaculaires. *Élytres* membraneuses, orbiculaires, séparées par un intervalle égal à leur largeur, les deux rangées laissant ainsi tout le milieu du dos à découvert; mais les élytres de chaque rangée se recouvrent un peu mutuellement. *Pieds* fort saillans. *Cirres* garnis de petites aspérités; les cirres *tentaculaires* avancés, plus colorés que les suivans. *Faisceaux* inégaux, formés chacun de deux rangs de soies peu nombreuses, mais grosses, roides, d'un jaune ferrugineux : le *faisceau supérieur* à soies droites, un peu renflées près de leur pointe; l'*inférieur* plus épais, formé de dix à douze soies plus longues, que dépasse à peine le cirre supérieur, plus grosses, plus sensiblement dilatées au-dessous de leur pointe, qui est légèrement courbée. *Acicules* bruns. Couleur générale grisâtre, avec des reflets sur tout le corps, deux points bruns sur chaque élytre, et une bande brun violet sur le milieu du dos.

7. Polynoë setosissima. *Polynoé très-soyeuse.*

N. setosissima. Cuv. *Collect.*

Espèce très-distincte de toutes les précédentes, et dont la patrie ne m'est pas connue. Individu communiqué par M. Cuvier.

Corps long d'un pouce et demi, oblong, rétréci vers l'anus, déprimé, composé de quarante segmens et muni de quinze paires d'élytres; les vingt-sixième, vingt-neuvième et trente-deuxième segmens portant les trois paires d'élytres surnuméraires, le dernier portant les filets. *Tête* renflée des deux côtés. *Yeux* écartés, les antérieurs beaucoup plus grands. *Trompe* de la grosseur du corps, garnie à son orifice d'un cercle de vingt tentacules. *Mâchoires* simples. *Antennes mitoyennes* très-courtes, coniques; l'*impaire* plus grosse et un peu plus longue. *Antennes extérieures* beaucoup plus grandes que les trois autres, conformées comme dans les congénères. *Soies* longues, nombreuses, d'un blond doré : les soies des *faisceaux supérieurs* plus grosses, cylindriques, formant un bouquet touffu et ascendant; celles des *faisceaux inférieurs* très-fines et assez flexibles, terminées en pointe fort déliée.

Acicules jaunes. *Branchies* très-exactement sur la ligne des mamelons qui portent les élytres et à peu près de même grandeur. Je passe sous silence les *élytres* elles-mêmes, qui étoient tombées et que je n'ai point vues; je ne puis également parler des cirres soit supérieurs soit inférieurs, des cirres tentaculaires ni de ceux de l'anus, parce qu'ils étoient tous rentrés. Couleur générale gris fauve, avec des reflets semblables à ceux de la nacre (1).

Observations. — Pour disposer les espèces de cette tribu sans trop violer leurs affinités naturelles, j'ai cru devoir suivre le plan qu'indique l'aspect des soies, et que voici :

1. *Soies* des *faisceaux supérieurs* fines, tomenteuses, sans aucun éclat métallique. Polynoë squamata; P. floccosa.
2. *Soies* des *faisceaux supérieurs* brillant de tout l'éclat métallique, plus fines que celles des *inférieurs*. Polynoë foliosa; P. impatiens; P. scolopendrina.
3. *Soies* des *faisceaux supérieurs* brillant de tout l'éclat métallique, plus grosses que celles des *inférieurs*. Polynoë setosissima.

Il est probable que les caractères les plus importans des élytres coïncident avec ceux des soies, et que leur connoissance exacte dérangeroit peu cette

(1) Je trouve dans les auteurs beaucoup de Polynoë que je n'ai point vues en nature et que je ne puis décrire ici. J'indiquerai de préférence les suivantes, qui toutes paroissent appartenir à cette seconde tribu :

1. Polynoë clava. *Aphrodita clava.* Montag. *Trans. linn. soc. tom. IX, pag. 114, tab. 8, fig. 3*, évidemment défectueuse. — Vingt-sept segmens; douze paires d'écailles non croisées, très-séparées, très-obliques, sans frange marginale.
2. Polynoë punctata. *Aphrodita punctata.* Müll. *Von Wurm. pag. 170, tab. 13*; et *Zool. dan. part. 3, pag. 25*: la description seulement; car la figure seroit plutôt celle de l'*A. scabra* d'Othon Fabricius. — Vingt-cinq (vingt-sept) segmens; douze paires d'écailles non croisées, ponctuées en relief, avec une frange marginale.
3. Polynoë cirrosa. *Aphrodita cirrosa.* Pall. *Miscell. zool. pag. 96, tab. 8, fig. 3-6.* — Trente-cinq segmens; onze paires d'écailles vésiculeuses, non croisées sur le dos. Individu évidemment mutilé, puisqu'il ne pouvoit avoir moins de douze paires d'écailles, et que le nombre de ses anneaux en fait présumer quatorze à quinze; espèce par conséquent douteuse.
4. Polynoë cirrata. *Aphrodita cirrata.* Oth. Fabr. *Faun. groenl. n.° 290.* — Trente-six, trente-sept segmens (trente-huit, trente-neuf, car on voit que l'auteur ne tient compte ni du premier ni du dernier); quinze paires d'écailles croisées sur le dos; dix-huit tentacules à la trompe.
5. Polynoë scabra. *Aphrodita scabra.* Oth. Fabr. *Faun. groenl. n.° 292.* — Trente-quatre (trente-six) segmens; quinze paires d'écailles non croisées sur le dos, mais cependant contiguës.
6. Polynoë longa. *Aphrodita longa.* Oth. Fabr. *Faun. groenl. n.° 293.* — Soixante-six segmens; cinquante-six paires d'écailles non croisées, séparées sur le dos. Si cette espèce est une véritable Polynoë, elle ne peut, vu le nombre de ses écailles, avoir moins de soixante-huit segmens; encore faut-il supposer une paire d'écailles sur chaque segment surnuméraire.
7. Polynoë minuta. *Aphrodita minuta.* Oth. Fabr. *Faun. groenl. n.° 294.* — Quarante-huit segmens, selon Fabricius; trente-huit paires d'écailles séparées sur le dos. Cette espèce ne peut avoir moins de cinquante segmens; elle est analogue à la précédente et sujette à la même remarque.

première distribution. Les notions encore imparfaites que j'ai sur celles de trois espèces, permettent seulement la combinaison suivante :

1. *Élytres* occupant toute la longueur du corps. Point d'*élytres surnuméraires.* — Les *élytres* croisées, recouvrant exactement le dos. POLYNOË squamata. — Les *élytres* recouvrant imparfaitement le dos. POLYNOË impatiens.

2. *Élytres* occupant toute la longueur du corps. Des *élytres surnuméraires.* — Trois paires d'*élytres surnuméraires :* POLYNOË setosissima. — Quatre paires : POLYNOË floccosa. — Six paires : POLYNOË foliosa.

3. *Élytres* n'occupant que la moitié de la longueur du corps. Trois paires d'*élytres surnuméraires.* POLYNOË scolopendrina.

Je finis par un éclaircissement sur ces élytres. Il y a sans aucun doute analogie entre les écailles dorsales de certaines Annelides et les élytres ou ailes de certains insectes, et cela suffit pour justifier la préférence que je donne au mot *élytres* sur celui d'écailles; mais il s'en faut qu'il y ait identité parfaite. Il y a analogie dans l'insertion, dans la position dorsale; dans la substance, tantôt cornée, tantôt membraneuse; dans la forme plus ou moins déprimée; dans la structure qui résulte également de l'union de deux membranes : car les élytres des Annelides sont des espèces d'utricules qui communiquent par leur pédicule tubuleux avec l'intérieur du corps, et qui même, dans la saison de la ponte, se gonflent et se remplissent d'œufs. Mais, si elles partagent l'organisation vésiculaire des ailes des insectes, elles n'en ont ni la transparence ordinaire, ni la sécheresse, ni la fragilité; elles n'en ont point les nervures ou les vaisseaux aériens. D'ailleurs les ailes des insectes possèdent bien d'autres caractères qui leur sont exclusivement propres: leur nombre est très-limité; elles sont articulées à leur segment; elles ont de puissans muscles pour les mouvoir; elles ne sont totalement développées que dans l'âge adulte, après la dernière mue, &c. J'ignore à quelle époque de la vie commencent à se manifester les élytres des Annelides.

SECONDE FAMILLE.

LES NÉRÉIDES, NEREIDES.

BRANCHIES point saillantes, ou saillantes mais petites, et consistant en une ou plusieurs languettes charnues qui font partie des rames et sont comprises entre les deux cirres, paroissant quelquefois suppléées par les cirres eux-mêmes.

BOUCHE formée par une trompe pourvue au plus de deux mâchoires. — *Trompe* cylindrique ou claviforme, ouverte seulement à son extrémité, et communément garnie de points saillans et cornés ou de petits tentacules. — *Mâchoires* dures, alongées, déprimées, pointues, disposées pour agir horizontalement, quelquefois très-petites, le plus souvent nulles.

YEUX peu distincts, ou distincts et au nombre de quatre.

ANTENNES peu rétractiles, de forme variable; généralement, de deux articles, courtes et en nombre incomplet : les *mitoyennes* manquent quelquefois; l'*impaire* manque presque toujours.

PIEDS à *rames* séparées, ou confondues en une seule qui n'a même dans certains genres qu'un faisceau de soies, toujours armées d'acicules. *Cirres* de grandeur variable. La première paire de pieds, et une, deux ou trois des suivantes avec elle, ordinairement privées de soies et transformées en *cirres tentaculaires* (1).

(1) Ajoutez : *INTESTIN* simple, ou garni tout au plus de deux *cœcums*.

Les Hésiones ont comme deux poches longues et transparentes attachées vers l'œsophage; les Lycoris ont des poches plus épaisses et plus courtes; les Nephthys et les Phyllodocés n'en ont point.

L'estomac des NÉRÉIDES, de même que celui des autres Annelides de ce premier ordre, est oblong, et communément fort peu distinct; sa place est indiquée à l'extérieur par le léger renflement qui se manifeste entre le premier segment et le vingtième ou le trentième.

Les vingt ou trente segmens qui viennent immédiatement après la tête, sont les seuls qui aient un certain degré d'importance et de fixité. Nous voyons, dans les espèces qui en possèdent beaucoup d'autres, le nombre des anneaux varier considérablement par le seul effet de l'âge ou de la grandeur.

GENRE IV, LYCORIS (1).

BOUCHE : *Trompe* grosse à la base, partagée en deux anneaux cylindriques, le second plus petit, et garnie, sur l'un et l'autre, de tubercules ou points saillans, durs et cornés.

Mâchoires cornées, avancées, dentelées, courbées en faux, pointues.

YEUX très-distincts (bruns ou noirs), latéraux, deux antérieurs, deux postérieurs.

ANTENNES incomplètes :

Les *mitoyennes* courtes, filiformes, rapprochées et insérées devant le front, de deux articles, le second très-petit;

L'*impaire* nulle ;

Les *extérieures* beaucoup plus grosses et un peu plus longues que les mitoyennes, comme urcéolées, insérées sous les côtés de la tête, également de deux articles, le second petit et obtus.

PIEDS dissemblables : les premiers pieds et les seconds non ambulatoires, privés de soies et convertis en quatre paires de cirres tentaculaires, qui s'insèrent au bord antérieur d'un segment commun, formé par la réunion des deux premiers segmens du corps ; les pieds suivans ambulatoires ; les derniers stylaires.

Cirres tentaculaires sortant chacun d'un article distinct, alongés, sétacés, inégaux ; les deux premières paires moins grandes que les deux suivantes, et le cirre supérieur de chaque paire plus long que l'inférieur.

Pieds ambulatoires à deux rames séparées : la *rame dorsale,* pourvue d'un seul faisceau de soies, manque à la première et à la seconde paires; la *rame ventrale* pourvue de deux faisceaux. Soies torses ou courbées à leur pointe, garnies la plupart d'une barbe terminale. — *Cirres* subulés, inégaux, les *inférieurs* plus courts.

Pieds stylaires consistant en deux filets sétacés terminaux.

BRANCHIES consistant essentiellement pour chaque pied ambulatoire en trois languettes ou branchioles charnues : la première de ces languettes située sous le cirre supérieur ; la seconde, sous la rame dorsale, disparoît avec elle ; la troisième, ou la plus inférieure, sous la rame ventrale.

TÊTE peu convexe, rétrécie par-devant, libre.

CORPS linéaire, plus ou moins convexe en dessus, à segmens très-nombreux, le premier des segmens apparens plus grand que celui qui suit.

(1) Σκολοπένδραι θαλάσσιαι, Scolopendræ marinæ *antiquorum, specialiter* Lycorides, *generaliter* Nereïdes, *vel potiùs* Nereïdeæ, *Aphroditis forsan rejectis.*

ESPÈCES.

1. LYCORIS lobulata. *Lycoris lobulée.*

Espèce nouvelle ou mal décrite des côtes de l'Océan, communiquée par M. Latreille.

CORPS long de cinq à sept pouces, ayant de cent cinq à cent dix-sept segmens, selon l'âge et la grandeur des individus; le premier segment presque égal aux deux suivans réunis; le dernier plus gros que le pénultième, portant les filets. *Mâchoires* noires. *Pieds* avec des branchies à languettes à peu près de même longueur, égales à leur bout; la languette inférieure plus cylindrique que les autres. Un lobe membraneux devant la base du cirre supérieur, un second lobe portant le cirre inférieur, et un troisième arrondi et veiné terminant la double gaîne de la rame ventrale. Les deux *cirres* courts; le *supérieur* dépasse cependant un peu la branchie. *Soies* assez fines, jaunâtres. Deux *acicules* très-noirs. Couleur générale gris pâle, avec des reflets. La ligne médiane apparente sur toutes les Lycoris est dans celle-ci d'un pourpre foncé.

2. LYCORIS podophylla. *Lycoris podophylle.*

Nereïs...... *Collect. du Mus.*

Espèce nouvelle ou imparfaitement décrite, communiquée par M. de Lamarck.

CORPS long de cinq à six pouces, formé de cent huit anneaux; il en manquoit quelques-uns; le premier anneau égal aux deux suivans réunis. *Mâchoires* brunes, à peine dentées. *Pieds* avec des branchies dont la languette supérieure dépasse les autres, la portion du pied qui supporte à-la-fois cette languette et le cirre supérieur étant plus longue que les gaînes; elle est, de plus, haute et comprimée en forme de feuille: la *rame ventrale* a sa double gaîne terminée par un lobe conformé comme dans l'espèce précédente, mais beaucoup plus grand; le cirre inférieur est aussi placé dans l'échancrure d'un autre petit lobe. Les deux *cirres* sont grêles et dépassent à peine leurs branchioles respectives, si ce n'est vers les extrémités du corps. *Soies* pâles et fines. Deux *acicules* très-noirs qui se retrouvent dans toutes les espèces suivantes. Couleur générale tirant sur le fauve pâle, avec des reflets cuivreux.

3. LYCORIS folliculata. *Lycoris folliculée.*

Autre espèce nouvelle.

CORPS ayant cent six anneaux. L'individu que j'ai sous les yeux n'est pas complet. On ne peut le rapporter à l'espèce précédente, parce que les cirres inférieurs sont sessiles, et que les rames ventrales n'ont point de grand lobe terminal. Les soies sont moins pâles et moins fines. Les mâchoires sont mieux dentées. La couleur générale et les autres caractères sont à peu près les mêmes.

4. LYCORIS fucata. *Lycoris fardée.*

Nereïs . . . . . *Cuv. Collect.*

Espèce de l'Océan, découverte par M. Homberg, communiquée par M. Cuvier.

Corps formé de cent dix-neuf segmens, quoique de taille médiocre (1); le premier segment moins grand que les deux suivans réunis; ceux-ci égaux entre eux. *Mâchoires* ferrugineuses. *Pieds* avec des branchies dont la languette supérieure dépasse les autres, non parce qu'elle est plus longue, mais parce que la portion du pied qui la supporte n'est pas moins saillante que dans les deux espèces précédentes, quoiqu'elle ne soit ni aussi élevée, ni aussi comprimée. *Rames ventrales* surmontées d'une pointe conique. *Soies* ferrugineuses, point très-fines; celles du faisceau inférieur de la rame ventrale plus colorées, plus grosses que les autres, et la plupart sans barbe terminale, caractère qu'elles conservent plus ou moins dans les diverses congénères. *Cirres* médiocres : le *supérieur* excède très-sensiblement sa languette branchiale; l'*inférieur* est égal à la sienne. Couleur gris cuivreux pâle, tirant au chamois sur les pieds; les branchies se font remarquer par une forte teinte de brun.

5. LYCORIS ægyptia. *Lycoris égyptienne.*

LYCORIS ægyptia. *Annelides gravées, planche IV, figure* 1; individu du golfe de Suez.

Espèce nouvelle de la mer Rouge, commune dans les interstices des pierres, sous les fucus, entre les racines des madrépores, &c. On la trouve ordinairement logée dans un fourreau membraneux.

Corps composé de cent seize segmens sur deux individus adultes et longs de cinq pouces, de soixante-trois seulement sur un petit individu : le premier segment égal en grandeur aux deux suivans réunis; le dernier renflé à l'ordinaire, strié longitudinalement, portant deux longs filets. *Mâchoires* brun noir. *Pieds* avec le côté supérieur des rames dorsales encore alongé, mais point comprimé ni élevé : languettes branchiales divergentes; elles sont d'abord à peu près égales, mais insensiblement la supérieure et l'intermédiaire deviennent du double au moins plus longues que l'inférieure; elles sont plus grêles et plus cylindriques en approchant de l'anus : les gaînes se terminent par des lobules charnus, aussi grands sur les deux premières paires de pieds que les languettes branchiales elles-mêmes. *Soies* assez grosses, ferrugineuses. *Cirres* courts; le *supérieur* ne dépasse point la branchie, si ce n'est vers les deux extrémités du corps. Couleur gris rougeâtre, tirant au vineux, plus intense sur le dos, près de la tête, sans beaucoup de reflets : les rames dorsales sont marquées d'une tache brune, et entourées d'un petit cercle brun à la base de la branchie. La ligne médiane paroît rouge dans l'animal vivant (2).

(1) C'est-à-dire, au-dessous de quatre pouces.

(2) Cette ligne est d'un rouge encore plus vif dans la *Lycoris nuntia*, et vraisemblablement dans beaucoup d'autres.

6. LYCORIS nubila. *Lycoris nébuleuse.*

Nereïs...... *Collect. du Mus.*

Espèce nouvelle ou mal décrite, communiquée par M. de Lamarck.

CORPS long de quatre à cinq pouces, formé de cent deux segmens sur un individu incomplet et auquel il paroissoit en manquer une douzaine, le premier segment de la grandeur des deux suivans réunis. *Mâchoires* grandes, brun noir. *Pieds* assez semblables à ceux de l'espèce précédente, à rames moins séparées; le côté supérieur des rames dorsales cesse et cessera désormais d'être saillant et de dépasser les gaînes; les languettes branchiales sont un peu moins écartées, cylindriques; la languette supérieure devient seule plus longue que l'inférieure. *Soies* assez fines, jaunâtres. *Cirres* petits, les *supérieurs* égaux à leur languette branchiale près de la tête, beaucoup plus courts vers le milieu du corps, et portés sur un tubercule qui les en écarte à leur insertion. Couleur d'un gris cuivreux sombre, tirant sur le violet, avec une ligne nébuleuse plus foncée sur le bord antérieur des segmens, tant dessus que dessous; pieds jaspés de brun.

7. LYCORIS fulva. *Lycoris fauve.*

Nereïs fulva. *Collect. du Mus.*

Espèce nouvelle et très-distincte.

CORPS formé de quatre-vingt-douze à cent segmens, déprimé, de taille médiocre, le premier segment à peine plus grand que le second et absolument égal au troisième. *Mâchoires* remarquables par leur couleur d'un jaune clair. *Pieds* profondément séparés, minces, à branchies fort petites; la languette supérieure en cône comprimé, très-pointu; gaînes surmontées d'un ou deux lobules. *Soies* longues, pâles, et toutes très-fines. Les deux *cirres* grêles, et beaucoup plus courts encore que leur languette branchiale respective. Couleur un peu cuivreuse, tirant au fauve pâle; les branchies piquetées quelquefois de brun.

8. LYCORIS rubida. *Lycoris rougeâtre.*

Nereïs...... *CUV. Collect.*

Espèce nouvelle du voyage de Péron; individu communiqué par M. Cuvier.

CORPS de taille médiocre, formé de cent segmens, le premier à peu près égal aux deux suivans réunis. *Mâchoires* brunes, armées de quatre à cinq fortes dents. *Pieds* avec des branchies à languettes courtes, égales entre elles, toutes obtuses; la double gaîne de la rame ventrale surmontée seule d'un petit lobule. *Soies* fines. *Cirres* courts, mais beaucoup moins que dans l'espèce précédente; le *supérieur* dépasse sensiblement la branchie. Couleur gris rougeâtre sombre et tirant sur le marron; un léger trait brun de chaque côté du dos.

9.

9. LYCORIS pulsatoria. *Lycoris pulsatoire.*

Nereïs pulsatoria. *MONTAGU* et *LEACH*, *Collect.*

Nereïs . . . . . . *Collect. du Mus.*

Espèce des mers d'Europe, communiquée par MM. Leach et de Lamarck.

CORPS formé de quatre-vingt-dix-neuf à cent un segmens, de cent dix-sept dans un individu de grande taille, le premier segment à peu près égal aux deux suivans réunis. *Mâchoires* brun noir. *Branchies* à languettes presque égales; la supérieure est plus conique et devient un peu plus longue que les autres. *Soies* assez fines. *Cirres* courts; le cirre supérieur n'atteint pas même le sommet de la branchie. Couleur gris clair, tirant au fauve, avec reflets.

10. LYCORIS margaritacea. *Lycoris nacrée.*

Nereïs margaritacea. *LEACH*, *Collect.*, et *Encycl. brit. Suppl.*, *tom. I.er*, *pag. 451*, *tab. 26*, *fig. 5*.

Espèce des côtes de l'Océan; individu communiqué par M. Leach.

CORPS long de trois pouces neuf lignes; plus court, relativement à son épaisseur, que dans les congénères; plus gros vers la tête; formé de soixante-quinze segmens, le premier égalant au moins en grandeur les deux suivans réunis. *Mâchoires* brun noir, à quatre à cinq grosses dents. *Pieds* petits, à languettes branchiales très-courtes, égales, dépassées par les deux cirres qui sont néanmoins fort médiocres; le cirre supérieur les excède des trois quarts de sa longueur. *Soies* ferrugineuses, point très-fines; gaînes sans aucun lobule terminal. Couleur gris de perle avec de beaux reflets; les pieds sont presque blancs.

11. LYCORIS nuntia. *Lycoris messagère.*

LYCORIS nuntia. *Annelides gravées*, *planche IV*, *figure* 3; individu du golfe de Suez.

Espèce nouvelle des côtes de la mer Rouge. Elle est très-agile; je ne lui ai point vu de fourreau.

CORPS long de cinq à six pouces, plus grêle que dans la plupart des congénères, formé de cent dix-huit segmens et davantage, le premier segment n'égalant pas en grandeur les deux suivans réunis. *Mâchoires* brun noir. *Pieds* à rames rapprochées, avec des branchies à languettes alongées, presque égales: la languette supérieure plus grande, plus conique; l'inférieure plus petite que les deux autres, plus cylindrique. *Soies* fines, d'un jaune pâle; gaînes sans aucune dent terminale. *Cirre supérieur* d'abord égal à sa languette branchiale, la dépasse ensuite de manière à devenir quatre à cinq fois plus long; le *cirre inférieur* toujours plus court que la sienne. Couleur gris clair de la *Lycoris nacrée* avec les mêmes reflets.

OBSERVATION. — Les *Nereïs pelagica*, *incisa*, *fimbriata* et *aphroditoïdes* de Gmelin, doivent encore être rapportées au genre LYCORIS, qui est un des plus naturels et des plus nombreux en espèces.

GENRE V, NEPHTHYS.

BOUCHE : *Trompe* amincie à la base, partagée en deux anneaux; le premier très-long, claviforme, hérissé vers le sommet de plusieurs rangs de petits tentacules pointus; le second très-court, avec l'orifice longitudinal, garni d'un double rang de tentacules.

Mâchoires renfermées dans la trompe, petites, cornées, courbées, très-pointues.

YEUX peu distincts.

ANTENNES incomplètes :

Les *mitoyennes* écartées, extrêmement petites, de deux articles inégaux, le second très-court;

L'*impaire* nulle;

Les *extérieures* à peu près égales aux mitoyennes, situées plus bas, consistant de même en deux articles, le second très-court et pointu.

PIEDS presque semblables : les premiers et les seconds ambulatoires comme les suivans, et portés de même sur des segmens distincts; les derniers stylaires.

Pieds ambulatoires à deux *rames* séparées, pourvues chacune d'un seul rang de soies, la rame ventrale de la première paire transformée en un petit cirre porté par un article globuleux. Soies écartées, très-simples.

Cirres supérieurs point saillans; les *inférieurs* en mamelons très-obtus.

Pieds stylaires réunis en un seul filet terminal.

BRANCHIES nulles aux trois premières paires de pieds, consistant, pour les autres, en une seule languette charnue, recourbée en faucille, attachée par sa base au sommet de la rame dorsale, inclinée et reçue entre les deux rames.

TÊTE peu convexe, rétuse, libre.

CORPS linéaire, à segmens très-nombreux, le premier des segmens apparens plus court que celui qui suit.

ESPÈCE.

1. NEPHTHYS Hombergii. *Nephthys de Homberg.*

Nereïs Hombergii. *Collect. du Mus.*

Nephthys Hombergii. *Cuv. Collect.* et *Règn. anim. tom. IV, pag. 173.*

Espèce découverte sur les bords de l'Océan par M. Homberg.

Corps de deux pouces et demi à trois pouces, tetraèdre, formé de cent vingt-cinq à cent trente-un segmens sillonnés des deux côtés en dessus, le dernier segment globuleux, portant le filet stylaire. *Mâchoires* noires, sans dentelures. *Tête* presque hexagone, ayant ses quatre antennes à peu près coniques. *Rames* écartées: la rame dorsale plus large : bordée d'un feuillet membraneux; la rame ventrale terminée par un grand feuillet également membraneux, de forme ovale. *Soies* jaunes, longues et fines. *Acicules* noirs. *Filet* de l'anus subulé et délié. Couleur fauve, avec de beaux reflets sur le dos et une bandelette fort brillante sous le ventre, qui s'étend jusqu'à l'anus.

GENRE VI, ARICIA.

Bouche : Trompe très-courte, inarticulée, garnie à son orifice de plis saillans et prolongés dans son intérieur, sans autres tentacules.

Mâchoires nulles.

Yeux peu distincts.

Antennes incomplètes :

Les *mitoyennes* écartées, excessivement petites, de deux articles inégaux, le premier plus gros, le second subulé;

L'*impaire* nulle;

Les *extérieures* égales aux mitoyennes et rapprochées d'elles, consistant de même en deux articles, le dernier subulé.

Pieds, tous ambulatoires, à l'exception peut-être de la dernière paire, d'ailleurs de deux sortes:

1.° *Premiers pieds* et les suivans jusques et compris les *vingt deuxièmes,* à deux rames séparées : la *rame dorsale* étroite, oblongue, échancrée, munie, sur sa face antérieure, de trois faisceaux de soies longues et fines, le principal faisceau sortant de la base; la *rame ventrale* très-large, arrondie et profondément crénelée à son bord, garnie d'un rang extérieur de soies fines, séparées en faisceaux par les crénelures, et d'un triple rang intérieur très-serré de grosses soies cylindriques et courbées à leur pointe, qui occupe aussi toute sa largeur.

2.° *Vingt-troisièmes pieds* et les suivans jusqu'à la *dernière paire,* à deux rames très-rapprochées, également étroites; la première munie de trois faisceaux de soies fines, la seconde d'un seul faisceau.

Cirres supérieurs écartés de la rame dorsale, alongés, deprimés, striés, terminés en pointe avec un article distinct; nuls à la première paire de pieds et aux trois paires suivantes. *Cirres inférieurs* point saillans.

Dernière paire de pieds . . . . inconnue.

Branchies nulles aux dix-sept premières paires de pieds, consistant ensuite, jusqu'à la vingt-deuxième inclusivement, en une seule languette charnue, située à la base supérieure de la rame ventrale, et, depuis la vingt-deuxième, en deux languettes, une à la base supérieure, l'autre à la base inférieure de cette même rame.

Tête petite, conique, libre, portant sur ses côtés les quatre antennes.

Corps linéaire, plat en dessus, demi-cylindrique en dessous, à segmens courts très-nombreux; le premier des segmens apparens plus petit que celui qui suit, sans pieds distincts; le vingt-unième et les six suivans frangés par-dessous, sur les deux côtés de leur bord antérieur.

ESPÈCE.

1. Aricia sertulata. *Aricie sertulée.*

Espèce nouvelle des bords de l'Océan; individu envoyé de la Rochelle à M. Cuvier par M. d'Orbigny.

Corps long de neuf à dix pouces, composé de deux cent soixante-douze segmens dans l'individu que j'ai sous les yeux, et qui n'est pas complet; les sept segmens frangés précédés et suivis de quelques-uns qui le sont vers la ligne latérale seulement. *Pieds* rapprochés de la ligne dorsale, et presque complétement tournés en dessus; formant ainsi sur le dos quatre rangées longitudinales d'appendices saillans, les deux rangées intérieures produites par les cirres qui semblent plus grands et plus saillans que les doubles rames dont se composent les rangées extérieures. *Rames dorsales* à soies très-fines d'un jaune clair, disposées sur trois rangs, dont un sort de la base, le second du bord supérieur, et le troisième du sommet : les *rames ventrales*, ou crêtes des vingt-deux premières paires de pieds, ont jusqu'à douze crénelures charnues sur les paires intermédiaires; leurs deux faisceaux de soies fines les plus apparens séparent la seconde crénelure de la première et de la troisième; les grosses soies cylindriques, qui composent le rang principal de ces rames, sont jaunes, très-brunes à leur pointe, qui est fort courbée et dépassée par les crénelures. *Acicules* petits et bruns. Couleur générale gris pâle avec quelques légers reflets.

GENRE VII, Glycera.

Bouche : *Trompe* longue, cylindrique, un peu claviforme, d'un seul anneau, sans plis ni tentacules à son orifice.

Mâchoires nulles.

Yeux peu distincts.

ANTENNES incomplètes :

Les *mitoyennes* excessivement petites, divergentes, bi-articulées, subulées;

L'*impaire* nulle;

Les *extérieures* semblables aux mitoyennes, divergeant en croix avec elles.

PIEDS, tous ambulatoires, sans exception de la dernière paire, à deux *rames* réunies en une seule, pourvue de deux faisceaux de soies divisés chacun en deux autres; les premiers, seconds, troisièmes et quatrièmes pieds à peu près semblables aux suivans, mais fort petits, sur-tout les premiers, et portés sur un segment commun formé par la réunion des quatre premiers segmens du corps. Soies très-simples.

Cirres inégaux, les *supérieurs* en forme de mamelons coniques, les *inférieurs* à peine saillans.

Dernière paire de pieds séparée de la pénultième et tournée directement en arrière.

BRANCHIES consistant, pour chaque pied, en deux languettes charnues, oblongues, finement annelées, réunies par leur base et attachées à la face antérieure des deux rames sur leur suture.

TÊTE élevée en un cône pointu, portant les quatre antennes à son sommet; parfaitement libre.

CORPS linéaire, convexe, à segmens très-nombreux; le premier des segmens apparens beaucoup plus grand que celui qui suit.

ESPÈCE.

1. GLYCERA unicornis. *Glycère unicorne.*

Nereïs alba. *MÜLL. Zool. nat. tom. II, tab. 62, fig. 6, 7. — GMEL. Syst. nat. pag. 3119, n.° 20.*

N. unicornis. *CUV. Collect.*

Espèce dont la patrie ne m'est pas connue, car je ne lui rapporte qu'avec beaucoup de doute la *Nereïs alba* de Müller.

CORPS long de près de deux pouces, cylindrique, un peu renflé vers sa partie antérieure, et composé de cent six segmens très-serrés, divisés chacun par un trait annulaire qui les fait paroître doubles. *Pieds* petits, couronnés à leur sommet par cinq dents membraneuses et pointues, deux antérieures, deux postérieures et une inférieure. *Soies* blanches et très-fines; quelques-unes plus courtes. *Acicules* jaunes. *Branchies* à languettes inégales, la supérieure plus longue. Couleur du corps, fauve bronzé; les pieds roussâtres.

GENRE VIII, OPHELIA.

BOUCHE : *Trompe* très-courte, couronnée d'un cercle de tentacules, pourvue en outre de plis saillans, et, supérieurement, d'un palais charnu, renflé, prolongé en forme de côte cylindrique dans l'intérieur de la trompe, comprimé en crête dentelée vers son orifice.

Mâchoires nulles.

YEUX distincts, écartés, deux antérieurs plus grands, deux postérieurs.

ANTENNES incomplètes:

Les *mitoyennes* excessivement petites, très-écartées, de deux articles, le dernier subulé;

L'*impaire* nulle;

Les *extérieures* semblables, pour la forme et la grandeur, aux mitoyennes et rapprochées d'elles.

PIEDS, les derniers exceptés, tous ambulatoires, très-petits, à deux rames courtes : la *rame dorsale* pourvue d'un seul faisceau de soies; la *rame ventrale*, de deux faisceaux. Soies fines, très-simples.

Cirres supérieurs point saillans; les *inférieurs* articulés à la base, cylindriques et très-longs sur les pieds de la partie moyenne du corps, depuis la septième paire de pieds jusqu'à la vingt-unième inclusivement, peu saillans ou nuls sur toutes les autres.

Derniers pieds réunis en un filet court et terminal.

BRANCHIES nulles.

TÊTE soudée aux deux premiers segmens, divisée antérieurement en deux cornes saillantes et divergentes qui portent les antennes.

CORPS cylindrique, formé d'anneaux peu nombreux et peu distincts, les deux premiers réunis égaux au troisième.

ESPÈCE.

1. OPHELIA bicornis. *Ophélie bicorne.*

Nouveau genre d'Annelides. *CUV. Collect.*

Espèce des côtes de l'Océan, découverte par M. d'Orbigny.

CORPS long de deux pouces, assez épais, sensiblement renflé vers son bout postérieur, composé de trente segmens pourvus de pieds à rames, les quinze intermédiaires portant les longs cirres, qui deviennent plus saillans par degrés et se raccourcissent de même ; le trente-unième et dernier segment conique, terminé brusquement par un style en pointe, et pourvu d'un grand anus supérieur à deux lèvres transverses. *Trompe* garnie de quatorze tentacules pointus et d'autant de plis dans son intérieur; sa crête membraneuse découpée en sept dents. Cornes de la tête égales aux tentacules. *Soies* dorées, excessivement fines. *Acicules* jaunes. Couleur générale gris clair avec de beaux reflets.

GENRE IX, HESIONE.

BOUCHE : *Trompe* grosse, profonde, cylindrique ou conique, de deux anneaux, le dernier court, avec l'orifice circulaire, sans plis à l'intérieur, ni tentacules.

Mâchoires nulles.

YEUX très-distincts, latéraux, deux antérieurs plus grands, deux postérieurs.

ANTENNES incomplètes :

Les *mitoyennes* excessivement petites, très-écartées, de deux articles, obtuses;

L'*impaire* nulle;

Les *extérieures* semblables aux mitoyennes et rapprochées d'elles.

PIEDS dissemblables : les premiers, seconds, troisièmes et quatrièmes non ambulatoires, privés de soies et convertis en huit paires de cirres tentaculaires très-rapprochées de chaque côté, et attachées à un segment commun, formé par la réunion des quatre premiers segmens du corps; les pieds suivans, compris la dernière paire, simplement ambulatoires.

Cirres tentaculaires, sortant chacun d'un article distinct, longs, filiformes, complétement rétractiles, inégaux; le cirre supérieur de chaque paire un peu plus long que l'inférieur.

Pieds ambulatoires à une seule *rame* pourvue d'un seul faisceau de soies et ordinairement d'un seul acicule. Soies cylindriques, munies, vers le bout, d'une petite lame cultriforme, articulée et mobile. — *Cirres* filiformes, facilement et complétement rétractiles, inégaux : les *cirres supérieurs* beaucoup plus longs que les *inférieurs*, sortant d'un article distinct et cylindrique; ils diffèrent à peine des cirres tentaculaires.

BRANCHIES point saillantes et comme nulles.

TÊTE divisée en deux lobes par un sillon longitudinal, très-rétuse et complétement soudée au segment qui porte les cirres tentaculaires.

CORPS plutôt oblong que linéaire, peu déprimé, à segmens peu nombreux, le premier des segmens apparens surpassant à peine en grandeur celui qui suit.

ESPÈCES.

1. HESIONE splendida. *Hésione éclatante.*

HESIONE splendida. *Annelides gravées, planche III, figure* 3 ; individu du golfe de Suez.

N. margaritea. *Cuv. Collect.*

Espèce nouvelle, que M. Mathieu a trouvée à l'Ile de France, et que j'ai rapportée moi-même des côtes de la mer Rouge. Elle nage assez bien en s'aidant de ses longs cirres.

CORPS long de près de deux pouces, sensiblement rétréci dans sa moitié antérieure, formé de dix-huit segmens apparens, qui ont, à l'exception du premier, les côtés séparés de la partie dorsale, renflés, plissés et marqués d'un sillon profond sur l'alignement des pieds. Dix-sept paires de *pieds* à rames, fixées à la partie antérieure des segmens; la dernière paire seule notablement plus petite que les autres, conservant toutefois de longs cirres, portée par un segment rétréci dès son origine et comme arrondi avec l'anus un peu saillant en tube. *Soies* fortes, roides, jaunâtres : leur petite lame terminale est plus alongée, plus obtuse, dans les individus de la mer Rouge. *Acicule* très-noir. *Cirres* roussâtres, fort délicats; les inférieurs ne dépassent que de moitié les gaînes, dont l'orifice n'offre aucune dent particulière. Couleur générale gris de perle avec de très-beaux reflets ; le ventre porte une bandelette plus éclatante, qui s'étend de la trompe à l'anus.

2. HESIONE festiva. *Hésione agréable.*

Espèce des côtes de la Méditerranée, découverte à Nice par M. Risso; communiquée par M. Cuvier.

Très-semblable à la précédente, quoique moins grande. Même nombre de segmens et de pieds. *Trompe* conique plutôt que cylindrique. Le *corps* a fort peu de reflets, et ses anneaux sont un peu alongés. Je n'ai pas vu les *cirres*, qui étoient tous retirés en dedans. Un second *acicule* fort grêle. Les *soies* sans lames mobiles, paroissoient tronquées accidentellement à la pointe.

GENRE X, MYRIANA.

BOUCHE : Trompe grosse, longue, de deux anneaux; le premier très-long, claviforme, hérissé de courts et fins tentacules ; le second plissé.

Mâchoires nulles.

YEUX peu distincts, deux antérieurs, deux postérieurs.

ANTENNES

Antennes incomplètes :

Les *mitoyennes* écartées, petites, coniques, de deux articles distincts, le second subulé ;

L'*impaire* nulle ;

Les *extérieures* semblables, pour la forme et la grandeur, aux mitoyennes, insérées un peu plus en avant, et divergeant en croix avec elles.

Pieds dissemblables : les premiers, seconds, troisièmes et quatrièmes non ambulatoires, privés de soies et convertis en huit cirres tentaculaires, deux supérieurs, six inférieurs, disposés sur les côtés de trois segmens peu distincts formés par la réunion des quatre premiers segmens du corps ; les pieds suivans, excepté peut-être la dernière paire, simplement ambulatoires.

Cirres tentaculaires filiformes, inégaux, le supérieur de chaque côté plus long que les trois inférieurs, l'antérieur de ceux-ci le plus court.

Pieds ambulatoires à une seule *rame* pourvue de deux faisceaux de soies fines et simples, ou plutôt d'un seul divisé en deux par un acicule. — *Cirres* alongés, rétractiles : les *supérieurs*, dilatés près du sommet, plus grands que les *inférieurs ;* ceux-ci filiformes.

Dernière paire de pieds . . . . inconnue.

Branchies paroissant suppléées par les cirres, d'ailleurs nulles.

Tête rétrécie en arrière, élevée sur le front en un cône court, qui porte les quatre antennes.

Corps linéaire, très-étroit, formé de segmens très-nombreux ; le premier des segmens apparens pas plus grand que celui qui suit.

ESPÈCE.

1. MYRIANA longissima. *Myriane très-longue.*

Nouveau genre d'Annelides. *Cuv. Collect.*

Espèce des côtes de l'Océan, découverte par M. d'Orbigny ; communiquée par M. Cuvier.

Corps long de plus de vingt-sept pouces, sur une ligne et demie de largeur, par conséquent très-grêle, presque cylindrique, formé sur un individu incomplet de trois cent trente-deux anneaux peu marqués, striés circulairement. *Trompe* hérissée de tentacules presque imperceptibles. Un mamelon conique sur la nuque. *Cirres* plus longs que les rames, les inférieurs très-rétractiles. *Rames* ciliées par deux légers faisceaux rapprochés du sommet, l'inférieur le plus touffu et le mieux épanoui. *Soies* jaunâtres. *Acicule* d'un jaune de succin. On remarque, sous la base des cirres tentaculaires postérieurs, quelques traces des autres parties du pied. Couleur générale blanc bleuâtre, avec de légers reflets; les cirres, contractés et déformés pour la plupart, paroissent d'un pourpre foncé.

GENRE XI, PHYLLODOCE.

BOUCHE : *Trompe* grosse, d'un seul anneau, claviforme, ouverte circulairement et entourée à son orifice d'un rang de petits tentacules.

Mâchoires nulles.

YEUX latéraux ; les postérieurs peu apparens.

ANTENNES incomplètes :

Les *mitoyennes* courtes, écartées, divergentes, coniques, de deux articles, le second peu distinct ;

L'*impaire* nulle ;

Les *extérieures* semblables, pour la grandeur et la forme, aux mitoyennes, situées presque exactement au-dessous.

PIEDS dissemblables : les premiers, seconds, troisièmes et quatrièmes non ambulatoires, et convertis en huit cirres tentaculaires qui sont moins rangés que groupés sur les côtés de deux segmens très-courts, formés par la réunion des quatre premiers segmens du corps ; les pieds suivans, excepté peut-être la dernière paire, simplement ambulatoires.

Cirres tentaculaires charnus, alongés, subulés, inégaux, les supérieurs plus longs.

Pieds ambulatoires à une seule *rame* pourvue d'un seul rang de soies déliées, terminées par une barbe mobile, et d'un seul acicule. — *Cirres* comprimés, minces, veinés, échancrés à la base, pédiculés, semblables à des feuilles ou à des lames situées verticalement et transversalement ; les *cirres supérieurs* notablement plus grands que les *inférieurs*.

Dernière paire de pieds . . . . inconnue.

BRANCHIES paroissant identifiées avec les cirres, d'ailleurs nulles.

TÊTE échancrée vers la nuque, élevée en un cône court qui porte les quatre antennes.

CORPS linéaire, peu déprimé, à segmens très-nombreux ; le premier des segmens apparens pas plus grand que celui qui suit.

ESPÈCE.

1. PHYLLODOCE laminosa. *Phyllodocé lamelleuse.*

N. laminosa. *Cuv. Collect.*

Espèce nouvelle des côtes de l'Océan, remarquable par l'aspect de ses cirres qui ressemblent en s'inclinant à des feuilles imbriquées.

Corps long de onze à douze pouces, sur environ une ligne et demie de largeur, par conséquent grêle, presque cylindrique, composé de trois cent vingt-cinq, trois cent trente-huit segmens, dans deux individus qui paroissoient en avoir perdu quelques-uns. *Trompe* garnie de seize tentacules. *Pieds* très-comprimés, terminés à leur sommet antérieur par deux petits lobes. *Soies* roussâtres, écartées en éventail et très-fines. *Acicules* d'un roux plus foncé. *Cirres* grands, un peu coriaces, échancrés en croissant à la base, irrégulièrement cordiformes, leur côté supérieur ou dorsal étant plus étroit et plus court ; ils sont insérés, par leur échancrure, à un premier article qui leur sert de support, et dont ils se détachent facilement ; ils s'appuient sur la face postérieure de la rame, et le grand lobe du cirre supérieur atteint et recouvre en partie le cirre inférieur, qui est plus oblong et des deux tiers au moins plus petit. Les cirres supérieurs de la première paire de pieds, décidément ambulatoires, ne sont pas comprimés : ils sont subulés, charnus, et ne diffèrent des cirres tentaculaires que par leur petitesse. Les cirres tentaculaires eux-mêmes offrent des traces de leur origine : on aperçoit à la base des deux postérieurs le cirre inférieur des autres pieds encore saillant et quelques soies. Couleur du corps, brune, avec des reflets très-riches pourpres et violets ; celle des cirres, brun roussâtre.

Observation. — La *Nereïs lamelligera, atlantica*, de Pallas, *Nov. Act. Petrop. tom. II, pag. 233, tab. 5*, montre une trompe tubuleuse ; deux yeux écartés ; quatre antennes courtes, égales ; huit cirres tentaculaires, subulés ; les autres cirres en forme de feuillets, le supérieur semi-lunaire, grand, l'inférieur un peu en cœur. Est-ce une Phyllodocé ? Il n'est pas inutile de remarquer que Pallas l'a confondue dans sa description avec d'autres espèces.

GENRE XII, SYLLIS.

Bouche : Trompe moyenne, partagée en deux anneaux cylindriques ; le second plus petit et plissé à son orifice, dont le bord supérieur porte une petite corne solide dirigée en avant.

Mâchoires nulles.

Yeux apparens et disposés sur une ligne courbe, les extérieurs plus grands.

ANTENNES incomplètes :

Les *mitoyennes* nulles ;

L'*impaire* longue, filiforme ou plutôt moniliforme, c'est-à-dire, composée d'articles nombreux et globuleux ; insérée fort près de la nuque ;

Les *extérieures* semblables à l'antenne impaire, un peu plus courtes, également insérées près de la nuque, écartées.

PIEDS dissemblables : les premiers privés de soies, consistant, de chaque côté, en une paire de cirres tentaculaires; les seconds et suivans ambulatoires; les derniers stylaires.

Cirres tentaculaires moniliformes, le cirre inférieur plus court.

Pieds ambulatoires à une seule *rame* pourvue d'un seul faisceau de soies simples et d'un seul acicule. — *Cirres supérieurs* longs, gros, moniliformes et assez semblables aux antennes et aux cirres tentaculaires; les *inférieurs* courts, inarticulés, simplement coniques.

Pieds stylaires formant deux filets moniliformes, terminaux.

BRANCHIES nulles.

TÊTE arrondie, saillante et libre en avant, avec les côtés renflés en deux lobes et le front échancré.

CORPS linéaire, à segmens très-nombreux; le premier segment un peu plus long que celui qui suit.

ESPÈCE.

1. SYLLIS monilaris. *Syllis monilaire.*

SYLLIS monilaris. *Annelides gravées, planche IV, figure* 3 ; individu pris au golfe de Suez.

Espèce nouvelle, commune sur les côtes de la mer Rouge. Elle se déplace en serpentant avec beaucoup d'agilité et remuant continuellement ses cirres.

CORPS long de trois pouces et plus, grêle, peu déprimé, relevé de deux angles vers la tête, marqué d'un profond sillon sous le ventre, aminci insensiblement vers la queue, composé, dans un individu complet, de trois cent quarante-un segmens courts et peu saillans sur les côtés; le premier portant des cirres tentaculaires, qui ne surpassent point en grandeur les cirres supérieurs des pieds suivans ; le dernier segment égal aux trois précédens réunis, portant deux styles déliés. *Rames* petites, rétrécies à leur orifice, qui ne présente aucune dent. *Cirres* blanchâtres, un peu plus longs sur les seconds pieds ambulatoires que sur les premiers et les troisièmes ; les plus grands de tous, formés de vingt-cinq à trente anneaux, n'égalent cependant pas en longueur la largeur du corps. *Soies* assez grosses, obtuses, jaunâtres. *Acicule* d'un jaune plus foncé. Couleur du corps, gris rougeâtre, avec quelques reflets (1).

OBSERVATION. — Je trouve à la *Nereïs prolifera* de Müller, *Zool. dan. part. 2, tab. 52, fig. 5-9*, une trompe tubuleuse ; quatre yeux, les deux intérieurs et postérieurs plus petits ; trois longues antennes ; deux paires de

(1) Linnæus, Baster, Bommé, Shaw, Abildgaard, Bosc, Montagu, mais sur-tout Pallas, Othon Fabricius et Othon-Frédéric Müller, ont décrit diverses Néréides que je n'ai pas examinées moi-même ; parmi ces Néréides se distinguent d'abord celles dont Oth. Fabricius a formé le genre Spio ; savoir :

Spio seticornis et *S. filicornis*. OTH. FABR. *Faun. groenl. n.*os *288 et 289*, et *Schr. der. Berl. Naturf. tom. VI, pag. 259 et 264, n.*os *1 et 2, tab. 5, fig. 1-12*. Elles sont remarquables par deux gros filets portés en avant de la tête, et qui sont vraisemblablement deux cirres tentaculaires : elles ont, en outre, une trompe courte et dépourvue de mâchoires ; les pieds à une seule rame, le cirre supérieur alongé et courbé en arrière, le cirre inférieur très-court ; point d'autres branchies que les cirres.

La *Spio crenaticornis*, MONTAG. *Transact. linn. soc. tom. XI, tab. 14, fig. 3*, offre, entre les deux grands filets des precédentes, deux autres filets courts et frontaux, qui ne peuvent être que deux antennes.

La *Polydore* de M. Bosc a deux filets préhensiles plus gros encore que ceux des Spios, et une ventouse à l'anus, si l'on en croit l'auteur : d'ailleurs elle leur ressemble.

Les Néréides qui n'entrent pas dans le genre Spio, sont assez nombreuses et paroissent la plupart former des genres distincts de ceux que j'ai fait connoître. Je ne puis citer ici que les plus saillantes.

Les unes ont deux mâchoires et se rapprochent plus ou moins des Lycoris : telles sont,

1.° *Nereïs versicolor*. MÜLL. *Von Wurm. pag. 104, tab. 6, fig. 1-6*. Paroît ne différer des Lycoris proprement dites que par une antenne impaire, exactement située entre les deux antennes mitoyennes. Simple tribu du genre LYCORIS !

2.° *Nereïs armillaris*. MÜLL. *loc. cit. pag. 150, tab. 9, fig. 1-5*, et OTH. FABR. *Faun. groenl. n.° 276*. Paroît avoir quatre antennes courtes, les deux extérieures plus grosses, inarticulées ; huit cirres ou quatre paires de cirres tentaculaires moniliformes ; les cirres supérieurs et les deux styles également moniliformes ; une seule rame à chaque pied ; les cirres inférieurs très-courts. Genre à établir ! LYCASTIS.

3.° *Nereïs stellifera*. MÜLL. *Zool. dan. part. 2, tab. 62, fig. 1-3*. A vraisemblablement des antennes inaperçues jusqu'ici ; une grosse trompe couronnée de tentacules ; deux mâchoires cornées ; les cirres tentaculaires au nombre de six ; les cirres supérieurs en forme d'écailles elliptiques, appliquées transversalement sur le dos ; deux faisceaux de soies, ou plutôt deux rames réunies pour chaque pied, et les cirres inférieurs très-courts. C'est un genre dont le caractère est fort incertain et qui a quelque ressemblance extérieure avec les Aphrodites. LEPIDIA.

4.° *Nereïs frontalis*. BOSC, *Hist. des vers, tom. I, pag. 143, tab. 1, fig. 5*. Il est difficile de se faire une idée quelconque des rapports de cette espèce. Les *Nereïs cuprea* et *N. fasciata* du même ne sont pas de véritables Néréides, et semblent appartenir aux Eunices.

Les autres sont dépourvues de mâchoires ; celles qui manquent aussi d'antenne impaire, se rapprochent évidemment des Glycères ou des Phyllodocés.

5.° *Nereïs cæca*. OTH. FABR. *loc. cit. n.° 287*. Se distingue par une grosse trompe globuleuse, entourée de trois cercles de tentacules, et pourvue, à son orifice, d'une infinité de papilles : elle a de plus, à ce qu'il paroît, la tête divisée en deux angles, portant chacun les antennes ; les pieds formés de deux rames rapprochées, à cirres supérieurs non saillans, les inférieurs saillans, mais courts ; la première paire de pieds ayant néanmoins les deux cirres et la seconde le cirre supérieur seulement alongés, comme tentaculaires ; les branchies consistant en deux feuillets circulaires insérés vers la jonction des deux rames ; deux styles terminaux. Genre évident, mais dont les caractères ne sont pas certains. AONIS.

6.° *Nereïs viridis* et *N. maculata*. MÜLL. *Von Wurm. pag. 156 et 162, tab. 10 et 11*, et OTH. FABR. *loc. cit. n.*os *279 et 281*. Paroissent avoir une longue trompe couronnée de tentacules ; quatre antennes courtes, égales ; huit cirres tentaculaires ; une rame pour chaque pied ; les cirres supérieurs ovales ou lancéolés et comprimés en forme de feuilles ; les cirres inférieurs très-courts ; deux cirres stylaires ; point de branchies distinctes. Quatrième genre à établir ! EULALIA.

7.° *Nereïs rosea*. OTH. FABR. *loc. cit. n.° 284*. Offre la conformation des deux précédentes : mais les cirres tentaculaires, tous les cirres supérieurs et les styles postérieurs sont grêles et fort longs ;

cirres tentaculaires, le cirre inférieur de chaque paire plus court; les pieds à une seule rame; les cirres supérieurs cylindriques, longs, ceux des seconds pieds plus que les autres; deux styles postérieurs; et, en examinant la figure 7, je vois que tous les cirres sont moniliformes. Il n'est pas un de ces caractères qui ne convienne au genre SYLLIS, et, malgré les proportions assez courtes de cette espèce, on doit être tenté de l'y placer.

il y a deux rames réunies pour chaque pied. Cinquième genre à établir ! CASTALIA.

8.° *Nereïs flava.* OTH. FABR. *loc. cit. n.° 282.* Paroît avoir une trompe simple (*minimè armata*, dit Fabricius); quatre antennes courtes; quatre cirres ou plutôt deux paires de cirres tentaculaires également courts; une rame pour chaque pied; les cirres supérieurs comprimés en lame oblongue et obtuse, les cirres inférieurs très-courts; deux styles; point de branchies distinctes des cirres. Sixième genre à établir dans le voisinage des deux précédens ! ETEONE.

La *Nereïs longa* du même ne se distingue essentiellement de la *N. flava* que par la forme des cirres supérieurs, qui sont coniques et terminés en mamelons. Il paroît que les rames sont bifides.

Les Nereïdes suivantes ont une antenne impaire et se placent près des Syllis.

9.° *Nereïs bifrons.* OTH. FABR. *n.° 286*, et MÜLL. *Prodr. n.° 2638.* Paroît avoir cinq antennes, les deux mitoyennes (lobes frontaux !) très-courtes, l'impaire grande; quatre yeux; point de cirres tentaculaires; les cirres supérieurs alongés, les inférieurs comme nuls; les rames simples; vingt-quatre paires de branchies saillantes insérées du septième segment au trentième, entre le cirre supérieur et la rame de chaque pied. Ces branchies, qui consistent chacune en une membrane mince, fortifiée par deux côtes latérales, se plissent ou se déploient en rames au gré de l'animal. Septième genre très-curieux et très-distinct : POLYNICE.

10.° *Nereïs prismatica.* OTH. FABR. *n.° 285*, et MÜLL. *Prodr. n.° 2637.* Paroît de même avoir cinq antennes, les deux mitoyennes (lobes frontaux !) très-courtes, l'impaire grande; quatre yeux; deux paires de cirres tentaculaires au premier segment, deux autres longs cirres au second segment; les pieds à une rame simple; les cirres supérieurs courts, les inférieurs comme nuls; point de branchies distinctes. Huitième genre à établir ! AMYTIS.

Je ne poursuivrai pas plus loin ces recherches.

TROISIÈME FAMILLE.

LES EUNICES, EUNICÆ.

BRANCHIES point saillantes; ou saillantes, mais ne consistant qu'en un simple filet pectiné tout au plus d'un côté, et attachées à la base supérieure des rames dorsales; communément petites ou nulles vers les extrémités du corps.

BOUCHE composée d'une trompe et de mâchoires nombreuses. — *Trompe* très-courte, fendue longitudinalement, très-ouverte, sans plis saillans ni tentacules à son orifice. — *Mâchoires* calcaires ou cornées, articulées les unes au-dessus des autres, point semblables entre elles, ni en nombre égal des deux côtés, croissant et se rapprochant par degrés depuis les antérieures jusqu'aux postérieures ou inférieures, qui s'articulent toutes deux à une double tige longitudinale. Une *lèvre inférieure,* également cornée ou calcaire, formée de deux autres pièces longitudinales et parallèles réunies.

YEUX peu distincts, ou très-distincts, mais seulement au nombre de deux.

ANTENNES grandes et en nombre complet, ou petites et en nombre incomplet par la suppression des antennes extérieures, ou comme nulles; insérées, lorsqu'elles sont visibles, très-près du premier segment du corps, qui est toujours plus long que le suivant.

PIEDS à *rames* réunies et confondues en une seule, qui est pourvue de deux ou trois faisceaux de soies et armée d'acicules. *Cirres* de grandeur variable, les inférieurs toujours plus courts. Pieds du premier segment toujours nuls; ceux du second segment également nuls, ou réduits à deux *cirres tentaculaires,* rapprochés sur le cou et dirigés en avant (1).

(1) Ajoutez : *INTESTIN* dépourvu de *cœcums.*

Quand la trompe est retirée, sa cavité intérieure se trouve entièrement occupée par l'appareil masticatoire. L'intestin va toujours droit de cette trompe au rectum; les profonds étranglemens qui le divisent en autant de cavités circulaires que le corps a d'anneaux, n'alternent pas avec ceux-ci, mais ils leur correspondent.

L'orifice extérieur de la bouche n'occupe que le devant ou le dessous du premier segment.

GENRE XIII, LEODICE.

BOUCHE : Trompe ne dépassant pas le front.

Mâchoires au nombre de sept, trois à droite, quatre à gauche; les extérieures s'appliquant complétement sur les intérieures dans le repos. Les deux premières, à commencer par les intérieures ou les postérieures, semblables l'une à l'autre, étroites, avancées, non dentées, pointues, crochues à leur bout, exactement opposées et articulées sur une double tige plus courte qu'elles; les secondes encore presque semblables entre elles, larges, aplaties, obtuses, profondément crénelées, opposées ou à peu près et articulées sur le dos des premières, dont elles ne dépassent pas le bout lorsqu'elles sont fermées; les troisièmes demi-circulaires, concaves, profondément crénelées, celle du côté droit plus petite, plus finement crénelée, plus voûtée que sa correspondante, située aussi un peu plus haut, presque vis à vis la quatrième et dernière mâchoire du côté gauche, qui est également demi circulaire, crénelée et courbée en voûte. — *Lèvre inférieure* beaucoup plus large que la première paire de mâchoires (1).

YEUX grands, situés entre les antennes mitoyennes et les antennes extérieures.

ANTENNES complètes, plus longues que la tête:

Les *mitoyennes* grandes, filiformes, composées quelquefois d'articles grenus;

L'*impaire* exactement semblable aux mitoyennes, plus longue;

Les *extérieures* ressemblant de même exactement aux mitoyennes, plus courtes.

PIEDS : Cirres tentaculaires alongés, subulés, non articulés; rarement nuls.

Pieds ambulatoires à deux faisceaux distincts, outre un paquet de soies coniques qui sort de la base du cirre supérieur. Soies simples ou terminées par un appendice mobile.

Cirres plus ou moins saillans: les *supérieurs* plus pointus; les *inférieurs* généralement gibbeux à leur base extérieure.

Dernière paire de pieds changée en deux filets terminaux.

BRANCHIES filiformes, légèrement annelées, pectinées d'un côté, sur-tout vers le tiers ou le milieu du corps; dents longues, filiformes, décroissant par degrés de la base au sommet de leur tige commune, tournées du côté de la rame.

(1) Ces mâchoires si compliquées et la double tige qui les supporte, ne répondent visiblement qu'aux deux mâchoires supérieures des Aphrodites: la lèvre, par sa position, répond à leurs mâchoires inférieures.

TÊTE plus large que longue, rétrécie par derrière, divisée par devant en quatre ou en deux lobes, parfaitement libre, découverte ainsi que les antennes.

CORPS linéaire, cylindrique, composé de segmens courts et nombreux : le premier segment point rétréci ni saillant sur la tête ; le second un peu plus court que le troisième.

ESPÈCES.

I.re Tribu. LEODICÆ *SIMPLICES*.

Deux *cirres tentaculaires* derrière la nuque.

Cirres supérieurs de tous les pieds, beaucoup plus longs que les rames, peu ou point dépassés par les branchies.

1. LEODICE gigantea. *Léodice gigantesque.*

Nereïs aphroditoïs. *PALL. Nov. Act. Petrop. tom. II, pag. 229, tab. 5, fig. 1-7.* — Terebella aphroditoïs. *GMEL. Syst. nat. tom. I, part. 6, pag. 3114, n.° 9.* == Variété d'âge ou espèce très-voisine.

Nereïs gigantea. *Collect. du Mus.*

Eunice gigantea. *CUV. Collect.* et *Règn. anim. tom. II, pag. 525.*

Magnifique espèce de la mer des Indes, communiquée par MM. de Lamarck et Cuvier. C'est la plus grande des Annelides connues.

CORPS long de quatre pieds et davantage, formé de quatre cent quarante-huit segmens dans un individu qui me paroît incomplet; le premier segment de la longueur des trois suivans réunis; tous à peau finement ridée, surtout en dessus. *Tête* à quatre lobes; les deux lobes intérieurs plus petits, plus élevés, profondément séparés. *Antennes* du double plus longues que la tête, non articulées, peu étagées (1). *Cirres tentaculaires* plus courts que le premier segment, obtus. *Rames* à faisceaux de soies inégaux : le faisceau supérieur plus foible et plus long, composé de soies fines, flexibles, prolongées en pointe très-aiguë; l'inférieur formé de huit à dix soies grosses, roides et obtuses. Toutes ces soies sont d'un jaune doré ; mais celles qui percent la base du cirre supérieur, sont brunes. Trois *acicules* très-noirs, réunis en un paquet. *Branchies* nulles aux quatre premières paires de pieds, pectinées à toutes les autres, à dents ou filets serrés et nombreux. Je compte

(1) L'artiste qui a dessiné la *Nereïs aphroditoïs* de Pallas l'a représentée avec six antennes; Pallas, pour se tirer d'embarras, a mis dans la description, *cirris maximis quinis* vel *senis*. Quoi qu'il en soit, l'individu décrit, qui venoit aussi de la mer des Indes, avoit un pied et demi de longueur, et se composoit de plus de cent cinquante segmens. *Tête* divisée en deux grands lobes; les lobes intérieurs ont pu être négligés; *antennes* inarticulées, deux ou trois fois plus longues que la tête; *cirres tentaculaires* également inarticulés, un peu écartés, plus courts que le premier segment; celui-ci plus long que les trois suivans réunis; *branchies* nulles aux huit premières paires de pieds, simples aux trois paires suivantes, pectinées sur toutes les autres, et passant de peu les cirres, qui se raccourcissent, dit Pallas, à mesure que les branchies grandissent; *acicules* noirs; couleur générale, gris cendré avec des reflets d'iris.

dix-sept filets aux deux premières branchies, et jusqu'à trente-cinq sur les suivantes, qui, néanmoins, finissent par se simplifier vers la queue. Elles sont généralement plus longues que les *cirres supérieurs;* ceux-ci sont gros, renflés au-dessus de leur base, subulés; les *cirres inférieurs* n'offrent qu'un mamelon court et obtus. Couleur de tout le corps, gris cendré, avec de beaux reflets qui ont la variété et la vivacité des teintes de l'opale.

Observ. — Cette espèce, par la division de sa tête en quatre lobes, est bien distinguée des suivantes, et mériteroit peut-être de trouver place dans une tribu séparée.

2. Leodice antennata. *Léodice antennée.*

Leodice antennata. *Annelides gravées, planche V, figure* 1; individu du golfe de Suez.

Espèce nouvelle, très-commune sur les côtes de la mer Rouge, dans les cavités des madrépores, des coquilles, &c. Elle nage en agitant ses branchies.

Corps long de deux à trois pouces, un peu renflé près de la tête, formé de quatre-vingt-treize, quatre-vingt-dix-neuf, cent trois, cent neuf, cent dix-neuf segmens; le premier de la longueur des trois suivans réunis, le dernier terminé par deux filets noduleux. *Tête* à deux lobes arrondis. *Antennes* grêles, assez inégales entre elles, composées d'articles turbinés dont le nombre est très-variable: assez souvent on en compte douze, dix-huit, vingt-deux, suivant que l'antenne est extérieure, mitoyenne ou impaire; l'antenne impaire est trois à quatre fois plus longue que la tête. *Cirres tentaculaires* plus courts que le premier segment, un peu pointus. *Pieds* ressemblant beaucoup à ceux de l'espèce précédente, à soies plus déliées, jaunâtres, celles du faisceau inférieur terminées par une petite pièce mobile. *Acicules* jaunes. *Branchies* nulles aux cinq à six premières paires de pieds, pectinées sur celles qui suivent immédiatement, à dents longues, peu serrées et peu nombreuses. Il y a trois à quatre dents aux deux premières branchies: leur nombre sur les vingt suivantes, de chaque côté, ne s'élève guère au-delà de sept, après quoi il diminue assez rapidement, et les branchies passent quelquefois à l'état de simple filet; ce filet peut même disparoître des trente ou des vingt derniers segmens. Les branchies pectinées dépassent seules les *cirres supérieurs,* qui sont aussi longs et plus grêles que ceux de la première espèce. Les *cirres inférieurs* sont sur-tout plus saillans, très-gibbeux à leur base externe, presque filiformes dans la partie postérieure du corps. Couleur cendré rougeâtre clair, avec les beaux reflets du cuivre de rosette.

3. Leódice gallica. *Léodice française.*

Espèce nouvelle des côtes de France. Sur les coquilles des huîtres.

Corps formé de soixante-onze segmens dans l'individu que j'ai sous les yeux, et qui ne se distingue sensiblement de ceux de l'espèce précédente que par ses *antennes* plus courtes, non articulées, de même que les filets postérieurs, et par sa couleur gris de perle à reflets légers. Les sixième, septième et huitième segmens n'ont encore pour *branchies* que des filets simples; le neuvième n'a que des filets bifides; les dix-huit derniers segmens ne portent point du tout de branchies.

4. LEODICE norwegica. *Léodice norvégienne.*

Nereïs norwegica. *LINN. Syst. nat. ed. 12, tom. I, part. 2, pag. 1086, n.° 11.*

Nereïs pennata. *MÜLL. Zool. dan. part. I, tab. 29, fig. 1-3.* — *BRUG. Encycl. méth. Helm. pl. 56, fig. 5-7.* — Nereïs norwegica. *GMEL. Syst. nat. tom. I, part. 6, pag. 3116, n.° 11.*

Espèce des mers du Nord, que je n'ai pas vue, et que je réunirois volontiers à l'espèce précédente, sans la longueur de ses cirres supérieurs, qui excèdent de beaucoup les branchies.

5. LEODICE pinnata. *Léodice pinnée.*

Nereïs pinnata. *MÜLL. Zool. dan. part. I, tab. 29, fig. 4-7.* — *BRUG. Encycl. méth. Helm. pl. 56, fig. 1-4.* — *GMEL. Syst. nat. tom. I, part. 6, pag. 3116, n.° 12.*

Autre espèce que je n'ai pas observée. Elle a les cirres supérieurs encore plus longs que la précédente. Ses antennes sont visiblement articulées, et ses branchies courtes.

6. LEODICE hispanica. *Léodice espagnole.*

Petite espèce des côtes de l'Espagne.

CORPS long de dix-huit à vingt lignes, grêle, formé de plus de quatre-vingt-quatorze segmens, car l'individu que j'ai sous les yeux n'est pas complet; le premier segment court et n'égalant pas les deux suivans réunis. *Tête* à deux lobes profondément séparés et arrondis. *Antennes* non articulées, de moyenne longueur, les extérieures courtes. *Cirres tentaculaires* dépassant le premier segment, pointus. *Pieds* fort petits, à soies dorées. *Acicules* ferrugineux. *Cirres supérieurs* alongés, subulés, plus grands près de la tête. *Branchies* très-menues, simples, bifides ou trifides, nulles aux deux premières paires de pieds, et disparoissant après la quinzième ou seizième paire, plus courtes que le cirre. Couleur grise foiblement rougeâtre, avec de jolis reflets.

IIe Tribu. LEODICÆ *MARPHYSÆ.*

Point de *cirres tentaculaires.*

Cirres supérieurs aussi courts ou plus courts que les rames, dépassés de beaucoup par les branchies.

7. LEODICE opalina. *Léodice opaline.*

Nereïs sanguinea. *MONTAG. Transact. linn. soc. tom. XI, pag. 26, tab. 3, fig. 1.*

Espèce des côtes de l'Océan. Communiquée par M. de Lamarck et par M. Leach.

CORPS long de six à dix pouces, un peu renflé près de la tête, formé de cent soixante-neuf, cent quatre-vingt-un, cent quatre-vingt-onze, deux cent quatre-vingt-cinq segmens; le premier segment égal en grandeur aux deux suivans réunis. *Tête* à deux lobes arrondis. *Antennes* non articulées, de peu plus longues que la tête. *Pieds* ayant les soies jaunâtres, également déliées, fléchies et très-fines à la pointe. Deux à quatre *acicules* très-noirs; il y en a communément quatre aux pieds de la partie antérieure du corps. *Cirres* presque égaux: le *supérieur* gros à la base, menu et subulé à la pointe; l'*inférieur* plus obtus, très-gibbeux à sa base extérieure. *Branchies* nulles sur les pieds voisins de la tête, ensuite simples, puis bifides, trifides, et enfin quadrifides vers le milieu du corps; après quoi elles se simplifient par degrés en prenant l'ordre inverse, et disparoissent sur les dernières paires de pieds. Un individu ayant le corps composé de cent quatre-vingt-un segmens me les a offertes ainsi : nulles jusqu'au dix-neuvième segment, simples jusqu'au vingt-troisième, bifides jusqu'au vingt-neuvième, trifides jusqu'au quarante-septième, quadrifides jusqu'au cent cinquième, et puis, en continuant, trifides jusqu'au cent vingt-septième, bifides jusqu'au cent trente-septième, et enfin simples jusqu'au cent cinquante-cinquième, qui portoit les dernières de toutes; mais il y a beaucoup de variété à cet égard. Quelques individus, parmi les moins grands, ont même des branchies à cinq et à six divisions, qui semblent moins pectinées que digitées. Les cirres sont un peu plus longs sur les pieds dépourvus de branchies. Couleur du corps, cendré bleuâtre, avec de très-vifs reflets.

8. Leodice tubicola. *Léodice tubicole.*

Nereïs tubicola. *Müll. Zool. dan. part. I, pag. 60, tab. 18, fig. 1-6.* — *Gmel. Syst. nat. tom. I, part. 6, pag. 3116, n.° 10.*

Espèce dont je ne puis parler que d'après Müller, mais que je suis bien aise de placer ici, parce que, voisine par son organisation de l'espèce précédente, elle offre la singularité remarquable d'habiter constamment des tubes solides et transparens comme de la corne. Elle se distingue en outre par la longueur de ses antennes, l'extrême briéveté de son second segment qui semble retiré sous le troisième, et sur-tout par la simplicité de ses branchies, qui ont à peine une à deux divisions. Elle appartient aux mers du Nord.

GENRE XIV, LYSIDICE.

Bouche : *Trompe* dépassant le front à son orifice.

Mâchoires au nombre de sept, trois à droite, quatre à gauche. Elles sont conformées et disposées comme celles du genre Leodice, avec la même *lèvre inférieure.*

Yeux grands, situés à la base extérieure des antennes mitoyennes.

ANTENNES incomplètes, moins longues que la tête :

Les *mitoyennes* courtes, ovales ou coniques, point sensiblement articulées;

L'*impaire* semblable aux mitoyennes, plus longue ;

Les *extérieures* nulles.

PIEDS : *Cirres tentaculaires* toujours nuls.

Pieds ambulatoires très-courts, à deux faisceaux inégaux de soies simplement pointues ou terminées par un petit appendice mobile.

Cirres supérieurs subulés; les *inférieurs* très-courts.

Dernière paire de pieds changée en deux filets.

BRANCHIES nulles.

TÊTE plus large que longue, libre et simplement arrondie par devant, entièrement découverte, ainsi que les antennes.

CORPS linéaire, cylindrique, composé de segmens courts et nombreux: le premier segment point rétréci ni saillant sur la tête; le second segment égal au troisième.

ESPÈCES.

1. LYSIDICE Valentina. *Lysidice Valentine.*

Espèce nouvelle des côtes de la Méditerranée.

CORPS long de près de deux pouces, grêle, formé de quatre-vingt-dix-neuf segmens dans un individu incomplet; le premier segment à peine plus long que le second. *Antennes* subulées. *Tête* à yeux noirs, sans autres taches. *Pieds* à deux faisceaux de soies jaunâtres : le faisceau supérieur, plus mince et plus long, se compose de soies très-fines; l'inférieur, de soies plus grosses, terminées par un appendice. *Acicules* jaunes. *Cirres supérieurs* subulés et assez saillans ; *cirres inférieurs* fort courts. Couleur et reflets de la nacre.

2. LYSIDICE Olympia. *Lysidice Olympienne.*

Espèce nouvelle des côtes de l'Océan. Sur les huîtres.

CORPS long de quatorze lignes, composé de cinquante-cinq segmens, sans compter une douzaine de petits anneaux qui forment au bout du corps une queue conique, ciliée de deux rangs de pieds imperceptibles, et terminée par deux filets courts; premier segment à peine plus long que le suivant. *Yeux* noirs. *Antennes* subulées. Un petit mamelon conique derrière l'antenne impaire, sortant de la jonction de la tête avec le premier segment du corps. *Pieds* de l'espèce précédente, à deux *acicules* très-noirs. Couleur gris blanc, avec les reflets de la nacre, sans taches.

3. LYSIDICE galathina. *Lysidice galathine.*

Autre espèce des côtes de l'Océan, très-voisine de la précédente, peut-être simple variété.

CORPS plus épais. *Antennes* très-courtes, ovales, avec un large mamelon derrière l'antenne impaire. Couleur blanc laiteux; les trois premiers segmens d'un roux doré en dessus. Les yeux sont comme noyés chacun dans une tache ferrugineuse. Acicules très-noirs.

GENRE XV, AGLAURA.

BOUCHE : Trompe dépassant le front.

Mâchoires au nombre de neuf, quatre à droite, cinq à gauche; les extérieures ne s'appliquant point sur les intérieures dans le repos. Ces mâchoires, la plus extérieure de chaque côté exceptée, larges, aplaties, profondément dentées en scie, à crochet terminal très-fort et très-courbé : les deux premières, à commencer par les intérieures ou les postérieures, exactement opposées, articulées à une tige commune beaucoup plus longue qu'elles, dilatées à leur base, dissemblables, celle du côté droit plus grande, profondément échancrée par derrière au-dessus de sa base externe, et terminée par un double crochet; les suivantes ne se correspondant point par paires; les deux dernières seules exactement opposées, très-petites, divisées en deux branches à leur base, grêles, non dentées, courbées, aiguës. — *Lèvre inférieure* pas plus large que la première paire de mâchoires.

YEUX peu distincts.

ANTENNES incomplètes, moins longues que la tête :

Les *mitoyennes* très-courtes, coniques, point sensiblement articulées;

L'*impaire* semblable aux mitoyennes, plus longue;

Les *extérieures* nulles.

PIEDS : Cirres tentaculaires nuls.

Pieds ambulatoires à deux faisceaux inégaux, composés l'un de soies simples, l'autre de soies terminées par une barbe.

Cirres supérieurs alongés, obtus; les *inférieurs* de même.

Dernière paire de pieds à peu près semblable aux autres.

BRANCHIES nulles.

TÊTE globuleuse, inclinée et complétement cachée, ainsi que les antennes, sous le segment qui suit.

CORPS linéaire, cylindrique, composé de segmens nombreux et courts : le premier, vu en dessus, très-grand, rétréci par devant, prolongé et subdivisé au-dessus de la tête en deux lobes saillans et divergens ; le second plus court que le troisième.

ESPÈCE.

1. AGLAURA fulgida. *Aglaure éclatante.*

AGLAURA fulgida. *Annelides gravées, planche V, figure* 2 ; individu pris à Suez.

Espèce nouvelle des côtes de la mer Rouge, &c.

CORPS long de dix pouces, grêle, formé de deux cent cinquante-trois segmens, le premier un peu plus grand que les trois suivans réunis. *Pieds* courts, à rame renflée et saillante au-dessus des soies du faisceau supérieur, qui est le moins épais des deux. *Soies* jaunâtres : les supérieures plus longues, plus déliées, fléchies à leur extrémité et prolongées en pointe très-fine ; les inférieures terminées par une barbule. *Acicules* petits, dorés. *Cirres* oblongs ou ovales-oblongs vers la tête, plus saillans et plus coniques sur le reste du corps ; le cirre supérieur rétréci à la base, dépassant très-sensiblement l'inférieur. Couleur cendré bleuâtre, imitant celle de l'opale, avec les reflets les plus éclatans.

GENRE XVI, ŒNONE.

BOUCHE : Trompe dépassant le front.

Mâchoires au nombre de neuf, quatre à droite, cinq à gauche, conformées et disposées comme celles du genre AGLAURA, avec la même *lèvre inférieure.*

YEUX peu distincts.

ANTENNES point saillantes et comme nulles.

PIEDS : Cirres tentaculaires nuls.

Pieds ambulatoires à deux faisceaux inégaux de soies simples ou terminées par une barbe.

Cirres supérieurs et *cirres inférieurs* presque également alongés, obtus.

Dernière paire de pieds à peu près semblable aux autres.

BRANCHIES nulles.

Tête à deux lobes, inclinée et cachée sous le segment qui suit.

Corps linéaire, cylindrique, composé de segmens courts et nombreux: le premier segment, vu en dessus, très-grand, arrondi par devant en demi-cercle, débordant la tête; le second plus long que le troisième.

ESPÈCE.

1. Œnone lucida. *Œnone brillante.*

Œnone lucida. *Annelides gravées, planche V, figure* 3; individu pris au golfe de Suez.

Espèce nouvelle des côtes de la mer Rouge; elle a quelques rapports de forme avec le *Lumbricus fragilis* de Müller.

Corps long d'un pouce, un peu renflé vers la tête, formé de cent quarante-deux segmens, le premier égal en longueur aux trois suivans réunis. *Rames* un peu renflées au-dessus des soies de leur faisceau supérieur, qui est moins épais que l'autre. *Soies* jaunâtres: les supérieures plus déliées, prolongées en barbe fine; les inférieures terminées par une courte barbule. *Acicules* petits et jaunes. *Cirres* oblongs, presque parallèles, un peu comprimés, veinés, obtus; l'inférieur adhérent jusqu'à l'extrémité de la rame. Couleur cendré bleuâtre, avec de riches reflets.

Observation. — La *Nereïs ebranchiata* de Pallas, *Nov. Act. Petrop. tom. II, pag. 231, table 5, fig. 8-10*, est certainement une Eunice, et paroît se rapprocher beaucoup du genre par lequel nous terminons cette famille.

QUATRIÈME

QUATRIÈME FAMILLE.

LES AMPHINOMES, AMPHINOMÆ.

BRANCHIES grandes, compliquées, situées sur la base supérieure de toutes les rames dorsales (les trois à quatre premières tout au plus exceptées), ou derrière cette base, et s'étendant quelquefois jusqu'aux rames ventrales, ressemblant à des feuilles pinnatifides, à des houppes, ou à des arbuscules, qui, communément, se divisent dès leur origine en plusieurs troncs, tantôt coalescens, tantôt séparés et plus ou moins éloignés les uns des autres.

BOUCHE formée par une *trompe* courte, ouverte longitudinalement à l'extrémité, sans plis saillans ni tentacules, et sans mâchoires.

YEUX au nombre de deux ou de quatre.

ANTENNES médiocres, généralement en nombre complet : les *mitoyennes* et les *extérieures* manquent quelquefois ; l'*antenne impaire*, qui existe toujours, est insérée sur le devant d'une *caroncule* supérieure, ou *coronule*, dont la base s'étend assez constamment par derrière jusqu'au troisième ou quatrième anneau du corps.

PIEDS à rames grandes et séparées, munies chacune d'un seul faisceau de soies et dépourvues d'acicules. *Cirres* très-apparens, subulés, renflés à la base ou comme formés de deux articles, dont l'un, gros et court, sert de support à l'autre, qui est complétement rétractile ; ils sont insérés à l'orifice des gaînes, derrière le faisceau de soies : ceux des pieds antérieurs ne diffèrent pas sensiblement des suivans. Les pieds du premier et du second segmens existent dans tous les genres (1).

(1) Ajoutez : *INTESTIN* dépourvu de *cœcums*.

Dans les Pléiones, l'intestin va, comme à l'ordinaire, droit à l'anus.

Dans les Euphrosynes, il se contourne, immédiatement après la trompe, en deux boucles un peu charnues ; la dernière de ces boucles aboutit par un petit canal à l'estomac, qui est grand et membraneux : la totalité du canal intestinal peut avoir le double de la longueur du corps.

Les lèvres de l'ouverture extérieure qui donne passage à la trompe, s'étendent dans cette famille jusqu'au quatrième ou cinquième segment.

GENRE XVII, CHLOEÏA.

BOUCHE : *Trompe* pourvue à son orifice de deux doubles lèvres charnues, et, plus intérieurement, d'une sorte de palais inférieur, ou de langue épaisse, susceptible de se plier longitudinalement, et marquée de stries saillantes, obliques, finement ondulées.

YEUX distincts au nombre de deux, séparés par la base antérieure de la caroncule.

ANTENNES complètes :

Les *mitoyennes* très-rapprochées, placées sous l'antenne impaire, composées de deux articles, le premier très-court, le second alongé, subulé ;

L'*impaire* semblable aux mitoyennes ;

Les *extérieures* également semblables aux mitoyennes, écartées.

PIEDS à rames peu saillantes : la *rame dorsale* pourvue de soies simplement aiguës ; la *rame ventrale*, de soies terminées par une pointe distincte.

Cirres très-longs, déliés à la pointe, peu inégaux : le *supérieur* sortant d'un article cylindrique ; l'*inférieur*, d'un article globuleux ; ce dernier plus court. — Un petit *cirre surnuméraire* à l'extrémité supérieure de la rame dorsale des cinq premières paires de pieds.

Dernière paire de pieds consistant en deux gros *styles* cylindriques, terminaux.

BRANCHIES insérées sur les côtés du dos près de la base supérieure des rames dorsales, consistant chacune en une feuille tripinnatifide inclinée en arrière.

TÊTE bifide en dessous, garnie en dessus d'une *caroncule* verticale, comprimée, libre et élevée à son extrémité postérieure.

CORPS plutôt oblong que linéaire, déprimé, et formé de segmens médiocrement nombreux.

ESPÈCE.

1. CHLOEÏA capillata. *Chloé chevelue.*

Aphrodita flava. *PALL. Misc. zool. pag. 97, tab. 8, fig. 7-11.* — Amphinome capillata. *BRUG. Encycl. méth. Dict. des vers, tom. I, pag. 45, n.° 1* ; et *pl. 60, fig. 1-5.* — Terebella flava. *GMEL. Syst. nat. tom. I, part. 6, pag. 3114, n.° 7.*

Amphinome jaune ou chevelue. *CUV. Dict. des scienc. nat. tom. II, pag. 71* ; et *Règn. anim. tom. II, pag. 527.*

Belle espèce des mers de l'Inde. Individus communiqués par MM. Cuvier et de Lamarck.

Corps long de quatre pouces et demi sur douze lignes de largeur, rétréci moins sensiblement en avant qu'en arrière, formé de quarante à quarante-deux segmens recouverts d'une peau plus ou moins ridée en dessus; le dernier segment portant deux styles courts et obtus. *Trompe* à lèvres intérieures plus fermes et plus brunes que les extérieures. *Antennes* presque égales entre elles, rétractiles. *Caroncule* portant de chaque côté deux rangées parallèles de feuillets fins et serrés; sa base adhère aux deux premiers segmens, et son extrémité libre se prolonge au-delà du quatrième. *Pieds* à faisceaux de soies longs et fournis, d'un blond doré. *Soies* déliées, un peu roides; celles des rames supérieures simplement aiguës, les autres terminées par une pointe distincte. *Cirres* dépassant les soies dans leur développement complet: les supérieurs bruns, du moins à la base; les inférieurs plus pâles. *Branchies* triangulaires, se recouvrant mutuellement lorsqu'elles sont couchées sur le dos, de couleur fauve, rembrunie sur les secondes et troisièmes pinnules, qui sont alternes et tournées toutes en arrière. Ces branchies manquent aux trois premiers segmens, et sont réduites sur le pénultième à deux petits filets. *Anus* longitudinal. Couleur de tout le corps, gris fauve, sans reflets, avec une moucheture noire sur le milieu de chaque segment, et une bande transversale noirâtre sur ses côtés; dessous sans taches.

GENRE XVIII, Pleïone.

Bouche: *Trompe* pourvue à son orifice de deux lèvres charnues, et, plus intérieurement, d'une sorte de palais inférieur très-épais, divisé longitudinalement et profondément en deux demi-palais mobiles, garnis de plis cartilagineux, fins, serrés et dentelés.

Yeux au nombre de quatre, séparés par la base antérieure de la caroncule, les yeux postérieurs peu distincts.

Antennes complètes:

Les *mitoyennes* très-rapprochées, placées sous l'antenne impaire, de deux articles, le premier très-court, le second alongé, subulé;

L'*impaire* semblable, pour la forme, aux mitoyennes;

Les *extérieures* également semblables aux mitoyennes, écartées.

Pieds à rames saillantes, très-souvent écartées: la *rame dorsale* pourvue de soies très-aiguës; la *rame ventrale*, de soies dont la pointe est quelquefois précédée par un petit renflement ou par une petite dent.

Cirres inégaux: le *supérieur* sortant d'un article cylindrique; l'*inférieur*, d'un article presque globuleux; ce dernier notablement plus court. — Point de *cirres surnuméraires*.

Dernière paire de pieds semblable aux autres.

Branchies entourant la base supérieure et postérieure des rames dorsales, consistant chacune en un ou deux arbuscules partagés dès leur origine en plusieurs rameaux plus ou moins subdivisés et touffus.

Tête bifide en dessous, garnie en dessus d'une *caroncule* verticale ou déprimée.

Corps linéaire, épais, rétréci insensiblement en approchant de l'anus, formé de segmens nombreux.

ESPÈCES.

1. PLEÏONE tetraëdra. *Pléione tetraèdre.*

Aphrodita rostrata. *Pall. Misc. zool. pag. 106, tab. 8, fig. 14-18.* — Amphinome tetraëdra. *Brug. Encycl. méth. Dict. des vers, tom. I, pag. 48, n.° 4 ;* et *pl. 61, fig. 1-5.* — Terebella rostrata. *Gmel. Syst. nat. tom. I, part. 6, pag. 3113, n.° 6.*

Amphinome tétraèdre. *Cuv. Dict. des scienc. nat. tom. II, pag. 72, n.° 3.*

Grande espèce de la mer des Indes, communiquée par M. de Lamarck.

Corps long de neuf à douze pouces sur neuf à douze lignes de largeur, exactement tétraèdre, formé de soixante segmens dans un individu de neuf pouces, de cinquante-cinq seulement dans un de douze, à peau épaisse, ridée irrégulièrement sur la partie antérieure, régulièrement et longitudinalement sur la partie postérieure, plus grossièrement et en tout sens sous le ventre. *Caroncule* comprimée en crête verticale, simple, saillante en avant, échancrée sous son extrémité pour l'insertion de l'antenne impaire ; elle est fort petite, et ne s'étend pas en arrière au-delà du premier segment. *Antenne impaire* un peu plus longue que les autres. *Pieds* à deux faisceaux de soies très-écartés et très-inégaux, d'un jaune foncé : les *soies* du faisceau supérieur nombreuses, longues, fines, molles, très-aiguës; celles du faisceau inférieur, au nombre de sept à huit seulement, plus grosses, plus roides, plus courtes, sub-articulées, terminées par un petit renflement conique ou globuleux que surmonte une sorte de pointe très-courbée. *Cirres* épais. *Branchies* brunes, très-touffues, à tronc principal divisé dès sa base en plusieurs rameaux, subdivisés eux-mêmes en une infinité de ramuscules cylindriques, très-déliés, presque égaux ; elles se divisent facilement en deux paquets inégaux, l'inférieur plus court ; elles manquent aux deux premiers segmens. Couleur gris rougeâtre tirant à l'olivâtre et au violet, sans reflets vifs ni taches : les branchies de l'animal vivant sont vraisemblablement d'un rouge foncé.

2. PLEÏONE vagans. *Pléione errante.*

Terebella vagans. *Leach* in *litteris.*

Petite espèce des côtes de l'Angleterre, voisine, par sa conformation, de la précédente. Elle habite, suivant M. Leach, sur les fucus qui flottent vaguement à la surface de la mer (1). Les individus que j'ai sous les yeux, pourroient bien n'être pas adultes.

Corps long de douze à dix-huit lignes, large de deux à trois, tétraèdre, rétréci très-sensiblement dans son tiers postérieur, composé de vingt-huit, trente-six segmens à peau ridée. *Caroncule* petite, très-déprimée, lisse, échancrée en cœur par-devant pour l'insertion de l'antenne impaire, rétrécie en pointe vers la nuque ; elle ne se prolonge point sur le second segment. *Antenne impaire* plus longue que les autres. *Pieds* à deux faisceaux très-écartés et très-inégaux de soies blondes : le faisceau supérieur à soies nombreuses, longues, molles, très-fines et très-aiguës ; l'inférieur formé de neuf à dix soies grosses, roides, pointues à leur sommet, qui est courbé, sans renflement ni denticule. *Cirres* peu déliés, roux. *Branchies* touffues de la *Pléione tétraèdre,* plus sensiblement bifides, subdivisées en ramuscules d'un roux ferrugineux ; elles manquent aux deux premiers segmens. Couleur gris brun, teint de violet en-dessus, plus clair en-dessous, sans taches.

3. Pleïone caruneulata. *Pléione caronculée.*

Millepeda marina amboinensis. *Seba, Thes. rer. nat. tom. I, pag. 131, tab. 81, n.° 7.* — Nereïs gigantea. *Linn. Syst. nat. ed. 12, tom. I, part. 2, pag. 1086, n.° 2.* Il y a sans doute erreur dans l'indication du pays.

Aphrodita caruneulata. *Pall. Misc. zool. pag. 102, tab. 8, fig. 12, 13.* — Amphinome caruneulata. *Bruc. Encycl. méth. Dict. des vers, tom. I, pag. 46, n.° 2;* et *pl. 60, fig. 6, 7.* — Terebella caruneulata. *Gmel. Syst. nat. tom. I, part. 6, pag. 3113, n.° 5.*

Amphinome caronculée. *Cuv. Dict. des scienc. nat. tom. II, pag. 72, n.° 2.*

Grande espèce des côtes de l'Amérique septentrionale. Individus de la collection du Muséum, communiqués par M. de Lamarck.

Corps long de douze à quatorze pouces, formé de soixante-treize à quatre-vingt-sept segmens, sensiblement tétraèdre, à peau mince et foiblement ridée. *Caroncule* ovale, divisée de chaque côté en sept à huit feuillets obliques et pinnatifides. *Antenne impaire* un peu plus grande que les autres. *Pieds* à faisceaux presque semblables, tous deux très-fournis de *soies* blondes, longues, fines, molles, sub-articulées, terminées en pointe; les soies du faisceau supérieur un peu plus fines et plus nombreuses. *Cirres* très-grêles. *Branchies* plus petites que dans la première espèce, conformées d'ailleurs à peu près de même, divisées en deux troncs principaux, le supérieur plus gros et mieux garni ; elles existent à tous les pieds sans exception. Couleur gris

(1) Au moment où l'on alloit procéder à l'impression de cette feuille, j'ai reçu de M. William Elford Leach, conservateur du Muséum britannique, beaucoup d'Annelides qui m'étoient inconnues. Je m'empresse de lui exprimer ma gratitude, et d'insérer ici cette nouvelle espèce de Pléione, la seule de son genre qui ait encore été remarquée dans nos mers. Le temps ne me permet plus d'entreprendre la description détaillée des autres, parmi lesquelles se trouvent quelques genres inédits ; mais j'en ferai mention expresse dans la *Synopsis* qui fait suite à ce système.

fauve clair tirant au violet, avec des reflets légers. Il paroît que les grands individus ont les anneaux séparés sur le dos par un trait brun. L'appareil intérieur de la trompe est fort développé dans cette espèce, et doit lui procurer de puissans moyens de mastication (1).

4. PLEÏONE æolides. *Pléione éolienne.*

Espèce nouvelle, vraisemblablement des mêmes mers que la précédente et confondue avec elle; communiquée par M. de Lamarck.

CORPS long de neuf pouces, plus déprimé que dans les espèces précédentes : je compte quarante-sept segmens; mais l'individu n'est pas complet. *Caroncule* ovale-oblongue, lisse. *Antennes* à peu près égales. *Pieds* à faisceaux de soies jaune brun, peu écartés, inégaux, le supérieur beaucoup plus fourni. *Soies* capillaires, aplaties, molles, finement aiguisées à la pointe, celles du faisceau inférieur ayant cette pointe un peu courbée avec une courte épine au-dessous; les soies du faisceau supérieur ne sont pas plus déliées, mais un peu plus longues, et mêlées à d'autres soies extrêmement fines. *Cirres* assez épais. *Branchies* courtes, à tronc unique, divisé d'abord en quantité de rameaux cylindriques qui se subdivisent peu; elles existent à tous les pieds. Couleur gris violet avec des reflets d'iris très-brillans.

5. PLEÏONE alcyonia. *Pléione alcyonienne.*

PLEÏONE alcyonia. *Annelides gravées, planche II, figure* 3; individu du golfe de Suez.

Petite espèce, commune sur les côtes de la mer Rouge.

CORPS long de deux pouces, étroit, formé de soixante-sept segmens dans deux individus. *Caroncule* ovale, lisse, avec un rebord ondulé. *Antenne impaire* beaucoup plus petite que les autres. *Pieds* à faisceaux de soies jaune brun, inégaux, le supérieur plus long et plus touffu. *Soies* très-nombreuses, molles, capillaires: les soies du faisceau supérieur plus fines, terminées en pointe très-aiguë; celles du faisceau inférieur à pointe un peu courbée avec une dent courte au-dessous. *Cirres supérieurs* déliés. *Branchies* très-courtes relativement aux soies, à tronc unique portant une touffe claire de rameaux cylindriques, presque simples, égaux; elles manquent au premier segment. Couleur bleu violet à reflets légers.

6. PLEÏONE complanata. *Pléione aplatie.*

Aphrodita complanata. PALL. *Misc. zool. pag. 109, tab. 8, fig. 19-26.* — Amphinome complanata. BRUG. *Encycl. méth. Dict. des vers, tom. I, pag. 47, n.° 3;* et *pl. 60, fig. 8-15.* — Terebella complanata. GMEL. *Syst. nat. tom. I, part. 6, pag. 3113, n.° 4.*

Espèce de l'Océan Américain, que je n'ai pas vue, mais dont l'affinité avec les

(1) C'est à la portion de la trompe qui contient cet appareil, contractée et totalement retirée dans le corps, que Pallas donne le nom d'estomac, *ventriculus.*

précédentes n'est pas douteuse. *Corps* long de cinq pouces, linéaire, déprimé, formé de cent trente segmens, les trois premiers portant une *caroncule* plate et obtuse. Je ne puis me faire une idée juste des antennes. *Pieds* à deux petits faisceaux de soies blanchâtres, les soies du faisceau supérieur plus nombreuses et plus fines. *Branchies* courtes, bifides, ramifiées, nulles sur les deux premiers segmens. Couleur grise avec de beaux reflets.

GENRE XIX, EUPHROSYNE.

BOUCHE : Trompe à lèvres simples, sans palais saillant ni plis dentelés.

YEUX distincts au nombre de deux, séparés par le devant de la caroncule.

ANTENNES incomplètes :

Les *mitoyennes* nulles ;

L'*impaire* subulée ;

Les *extérieures* nulles.

PIEDS à rames peu saillantes, pourvues l'une et l'autre de soies très-aiguës, avec une petite dent près de la pointe.

Cirres à peu près égaux. — Un *cirre surnuméraire* égal aux autres, inséré à l'extrémité supérieure de toutes les rames dorsales.

Dernière paire de pieds réduite à deux petits cirres globuleux.

BRANCHIES situées exactement derrière les pieds, s'étendant de la base des rames dorsales à celle des rames ventrales, et consistant chacune en sept arbuscules séparés, alignés transversalement.

TÊTE très-étroite et très-rejetée en arrière, fendue par-dessous en deux lobes saillans sous les pieds antérieurs, et garnie par-dessus d'une *caroncule* déprimée qui se prolonge jusqu'au quatrième ou cinquième segment.

CORPS oblong, ou ovale-oblong, composé de segmens assez peu nombreux.

ESPÈCES.

1. EUPHROSYNE laureata. *Euphrosyne laurifère.*

EUPHROSYNE laureata. *Annelides gravées, planche II, figure* 1 ; individu pris au golfe de Suez.

Espèce nouvelle, assez commune sur les côtes de la mer Rouge, parmi les fucus.

CORPS long de deux pouces et plus, sur dix lignes de largeur, un peu ovale, déprimé, formé de quarante-un segmens, à peau ridée ou réticulée comme dans les Pléiones. *Caroncule* ovale, lisse, relevée sur son milieu d'une petite crête longitudinale. *Pieds* à faisceaux ou rangs de soies d'un jaune ferrugineux, tachetés de brun, inégaux, le rang inférieur un peu moins étendu. *Soies* des deux faisceaux parfaitement semblables, nombreuses, déliées, roides, aiguës, réfléchies à la pointe, avec une petite dent au-dessous. *Cirres* grands, égaux. *Branchies* très-développées, plus longues que les soies, et ressemblant à des arbustes délicats, à rameaux grêles, peu touffus, garnis de petites feuilles ovales; elles existent à tous les segmens sans exception. Couleur gris rougeâtre tirant au violet, avec des reflets légers; les branchies sont d'un très-beau rouge.

2. EUPHROSYNE myrtosa. *Euphrosyne myrtifère.*

EUPHROSYNE myrtosa. *Annelides gravées, planche II, figure 2*; individu du golfe de Suez.

Autre espèce plus petite, également des côtes de la mer Rouge.

CORPS long de dix à douze lignes, plus étroit et moins déprimé que dans l'espèce précédente, obtus aux deux bouts, formé de trente-six segmens. *Caroncule* elliptique, carenée, avec un double sillon. *Pieds* à rangs de soies jaunâtres, très-inégaux, le rang supérieur deux à trois fois plus étendu. *Soies* semblables à celles de la première espèce. *Cirres* inégaux, l'inférieur plus court. *Branchies* peu développées, plus courtes que les soies, à rameaux peu déliés, terminés par des sommités ou folioles ovales. Couleur violet foncé avec quelques reflets.

OBSERVATION. — C'est très-probablement à la famille des *AMPHINOMES* que doit se rapporter le genre ARISTENIA, que j'ai observé sur les côtes de la mer Rouge, et dont j'ai fait graver une espèce (ARISTENIA conspurcata) dans l'Atlas, planche II des Annelides, figure 4. Ce genre diffère des trois précédens par le nombre des cirres, qui n'est pas de moins de sept pour chaque pied, et par d'autres caractères singuliers. Comme il me reste à son sujet quelques points à éclaircir, je dois me contenter, pour le moment, de renvoyer le lecteur à l'explication de la planche précitée, et je n'ajouterai ici rien de plus.

ORDRE II.

LES ANNELIDES SERPULÉES,
ANNELIDES SERPULEÆ.

La conformation des familles précédentes ne se reproduit qu'avec d'importantes modifications dans les ANNELIDES SERPULÉES, qui sont destinées à la vie sédentaire, et condamnées, par la structure de leurs organes, à ne point quitter le tube naturel ou demi-factice qui leur sert de retraite (1).

La *tête* n'existe plus, et, avec elle, disparoissent les yeux et les antennes.

La *bouche* ne se déroule presque jamais en trompe tubuleuse, et toujours elle manque de mâchoires; elle est seulement pourvue à l'extérieur de lèvres extensibles, souvent accompagnées de tentacules.

Les *tentacules* sont quelquefois des papilles très-courtes et insérées sur une lèvre circulaire; mais le plus souvent ce sont des filets fort longs, portés par un léger renflement qui surmonte les deux lèvres et qu'on peut prendre pour une tête imparfaite.

Le *corps* se divise en plusieurs *segmens,* qui, comme ceux des Néréidées, portent tous une paire de *pieds;* à l'exception cependant des anneaux de chaque extrémité, qui peuvent en être dépourvus. Ceux de l'extrémité postérieure forment communément un tube plus ou moins long, au bout duquel est l'anus toujours plissé et ouvert non en dessus, mais en dessous ou en arrière.

Les *pieds* se composent aussi de deux parties, dont l'une, propre à la nage, répond ordinairement à la *rame dorsale* des Néréidées, et l'autre, beaucoup moins propre à l'action de nager qu'à celle de s'accrocher et de se fixer, répond à leur *rame ventrale.* Nous leur en conserverons les noms.

(1) On sait que les Néréidées habitent aussi des fourreaux membraneux qui se forment naturellement autour de leur corps par transsudation : mais ces fourreaux ne sont point absolument nécessaires à leur existence; elles les abandonnent sans aucun inconvénient, et la plupart même n'en ont pas.

Les deux rames sont presque toujours intimement unies, et néanmoins elles se distinguent éminemment par leur forme et par la nature de leurs *soies.*

Il y a en effet, dans cet ordre, des soies de trois sortes, qui ne se rencontrent jamais ensemble sur la même rame, et qui n'occupent jamais les deux rames du même pied : 1.° les *soies subulées* proprement dites; 2.° les *soies à palette;* 3.° les *soies à crochets.*

Les *soies subulées* ne diffèrent essentiellement des soies proprement dites (festucæ) des Néréidées, ni par leur forme, ni par leur disposition. Elles sont réunies dans une seule gaîne, ou, mais très-rarement, distribuées dans plusieurs, qui toutefois se réunissent en un seul faisceau constamment dépourvu d'acicules. Ce faisceau constitue ordinairement la rame dorsale, et c'est la seule partie du pied à laquelle le nom de rame convienne exactement.

Les *soies à crochets* (uncinuli) sont de petites lames minces, comprimées latéralement, courtes ou peu alongées, exactement alignées, très-serrées les unes contre les autres, et découpées sous leur sommet en plusieurs dents aiguës et crochues, qui sont d'autant plus longues qu'elles se rapprochent davantage de la base de la soie; rarement elles sont à un seul crochet. Ces soies, disposées sur un ou deux rangs, occupent le bord saillant d'un feuillet ou d'un mamelon transverse, qui réunit les muscles destinés à les mouvoir, et dans l'épaisseur duquel elles peuvent elles-mêmes se retirer (1).

Quoique les soies à crochets occupent généralement la place de la rame ventrale, elles peuvent prendre celle de la rame dorsale, soit à tous les pieds, soit seulement sur un certain nombre.

Les soies subulées sont fort sujettes à manquer dans la partie postérieure du corps, et les soies à crochets dans la partie la plus antérieure, où elles sont quelquefois remplacées par les *soies à palette* (spatellulæ). J'appelle ainsi une troisième sorte de soies, dont le bout est aplati horizontalement et arrondi en spatule.

(1) Ce sont les mamelons en question, que quelques zoologistes modernes, faute d'y regarder de près, ont pris et prennent encore pour des stigmates.

Il arrive aussi quelquefois que la première paire de pieds, et une, deux ou même trois des suivantes, affectent des formes anomales qui ne paroissent pas convenir au mouvement progressif, et qui, jointes au volume des segmens antérieurs, donnent à ces segmens réunis l'apparence d'une tête.

Les *cirres* manquent en tout ou en partie: lorsqu'ils existent, on n'en trouve qu'un à chaque pied; c'est ordinairement le cirre supérieur.

Les *branchies* manquent de même, ou elles n'occupent que certains segmens. Ordinairement elles sont bornées pour le nombre à une, deux ou trois paires qui naissent des segmens les plus antérieurs, où elles peuvent acquérir un plus grand développement.

DISTRIBUTION ET CARACTÈRES
DES
ANNELIDES SERPULÉES.

I.

Branchies *nulles, ou peu nombreuses et situées sur les premiers segmens du corps.* — Pieds *de plusieurs sortes.*

FAMILLE 5. *LES AMPHITRITES,* AMPHITRITÆ.

Des *branchies* au nombre d'une à trois paires, plus ou moins compliquées.

SECTION 1.re *Rames ventrales* de deux sortes : celles des premières paires de pieds portant des soies à crochets ; celles des paires suivantes, des soies subulées. — Point de *tentacules (AMPHITRITES SABELLIENNES)* (1).

20. SERPULA. *Bouche* exactement terminale. — Deux *branchies* libres, flabelliformes ou pectiniformes, à divisions garnies, sur un de leurs côtés, d'un double rang de barbes ; les deux divisions postérieures imberbes, presque toujours dissemblables. — *Rames ventrales* portant des soies à crochets jusqu'à la sixième paire inclusivement. — Les sept premières paires de pieds disposées sur une sorte d'*écusson* membraneux.

1. *Branchies* flabelliformes : leurs deux divisions imberbes inégales ; l'une courte et filiforme, l'autre terminée en entonnoir ou en massue operculaire.

2. *Branchies* pectiniformes, spirales : leurs deux divisions imberbes inégales ; l'une très-courte, l'autre très-grosse, en cône inverse et operculaire.

3. *Branchies* pectiniformes, spirales ; leurs deux divisions imberbes également courtes et pointues.

(1) L'importance des caractères qui distinguent cette section et les deux suivantes, pourra les faire ériger quelque jour en familles ; les genres qu'elles comprennent se convertiroient facilement en sections, et leurs tribus en genres.

21. SABELLA. *Bouche* exactement terminale. — Deux *branchies* libres, flabelliformes ou pectiniformes, à divisions garnies, sur un de leurs côtés, d'un double rang de barbes; les deux divisions postérieures imberbes, également courtes et pointues. — *Rames ventrales* portant des soies à crochets jusqu'à la septième ou huitième paire inclusivement. — Point d'*écusson* membraneux.

1. *Branchies* flabelliformes, à deux rangs de divisions.
2. *Branchies* flabelliformes, à un seul rang de divisions.
3. *Branchies* pectiniformes, spirales, à un seul rang de divisions.

SECTION 2. *Rames ventrales* d'une seule sorte et portant toutes des soies subulées. — Point de *tentacules.* (*AMPHITRITES HERMELLIENNES.*)

22. HERMELLA. *Bouche* inférieure. — Deux *branchies* complétement unies à la face inférieure du premier segment, et formées chacune par plusieurs rangs transverses de divisions sessiles et simples. — Premier segment pourvu de soies disposées par rangs concentriques, constituant une couronne operculaire.

SECTION 3. *Rames ventrales* d'une seule sorte, portant toutes des soies à crochets. — De longs *tentacules.* (*AMPHITRITES TÉRÉBELLIENNES.*)

23. TEREBELLA. *Bouche* semi-inférieure. — *Tentacules* très-longs, entièrement découverts. — Six, quatre ou deux *branchies* complétement libres, supérieures, arbusculiformes, à subdivisions nombreuses. — Premier segment dépourvu de soies, et sans disque operculaire.

1. Six *branchies.*
2. Quatre *branchies.*
3. Deux *branchies.*

24. AMPHICTENE. *Bouche* exactement inférieure. — *Tentacules* recouverts à leur base par un *voile* membraneux dentelé. — Quatre *branchies* incomplétement libres, inférieures, pectiniformes, à divisions minces et simples. — Premier segment pourvu de soies rangées, comme les dents d'un peigne, sur une surface plane et operculaire.

1. *Voile* non distingué par un étranglement.
2. *Voile* distingué à son origine par un étranglement.

FAMILLE 6. *LES MALDANIES*, MALDANIÆ.

Point de *branchies*.

25. CLYMENE. *Bouche* inférieure. — Point de *tentacules*. — *Rames ventrales* portant toutes des soies à crochets. — Premier segment dépourvu de soies, mais terminé par une surface operculaire.

II.

Branchies *nombreuses*, *éloignées des premiers segmens du corps*. — Pieds *d'une seule sorte*.

FAMILLE 7. *LES TÉLÉTHUSES*, TELETHUSÆ.

Des *branchies* compliquées, disposées sur les segmens intermédiaires.

26. ARENICOLA. *Bouche* exactement terminale, hérissée de courts *tentacules*. — *Rames ventrales* portant des soies à crochets. — Vingt-six *branchies* supérieures, arbusculiformes. — Point de disque operculaire.

LES ANNELIDES SERPULÉES.

CINQUIÈME FAMILLE.

LES AMPHITRITES, AMPHITRITÆ.

BRANCHIES grandes, plus ou moins compliquées, mais toujours peu nombreuses; deux, quatre, six au plus, insérées, suivant leur nombre, sur un, deux ou trois des quatre premiers segmens du corps, à la base supérieure des pieds ou appendices de ces mêmes segmens, quand ces appendices existent.

BOUCHE à deux lèvres extérieures, sans trompe, garnie assez communément de longs *tentacules.*

PIEDS dissemblables : ceux du premier segment, et le plus souvent de deux ou trois autres, nuls ou anomaux; ceux des segmens suivans ambulatoires, de plusieurs sortes. La première paire des pieds ambulatoires, et quelquefois les deux paires suivantes, dépourvues de rames ventrales et de soies à crochets (1).

GENRE XX, SERPULA.

BOUCHE exactement antérieure, saillante entre les branchies, transverse, à lèvres plissées et égales; sans *tentacules.*

PIEDS ou *APPENDICES* du premier segment nuls.

PIEDS du second segment et de tous les suivans ambulatoires, de trois sortes :

1.° *Premiers pieds* à rame dorsale petite, munie d'un faisceau de soies subulées, sans rame ventrale ni soies à crochets;

(1) *INTESTIN* dépourvu de *cœcums.*

Les Serpules et les Sabelles ont l'estomac membraneux, peu dilaté et peu distinct.

Les Hermelles ont un estomac très-musculeux, globuleux, lisse tant au-dehors qu'au-dedans : il correspond à la septième paire de pieds ambulatoires. Dans ces trois genres, l'intestin est peu sinueux, ou tout droit.

Les Térébelles et les Amphictènes ont à leur intestin une double dilatation, la première plus musculeuse et plus inégalement renflée que la seconde; ce n'est qu'après celle-ci que le tube intestinal se rend directement à l'anus.

2.° *Seconds pieds* et suivans, jusques et compris les *septièmes,* à rame dorsale pourvue d'un faisceau de soies subulées, et à rame ventrale garnie d'un rang de soies à crochets;

3.° *Huitièmes pieds* et tous les suivans, compris la *dernière paire,* à rame ventrale pourvue d'un faisceau de soies subulées, et à rame dorsale garnie d'un rang de soies à crochets.

Soies subulées tournées toutes en dehors, fines et légèrement arquées à la pointe, très-aiguës. — *Soies à crochets* très-courtes et très-minces, dentées en manière de scie.

Branchies au nombre de deux, portées par le premier segment, grandes, ascendantes, opposées face à face, profondément divisées, à divisions filiformes ou sétacées, comprimées, disposées sur le bord supérieur de leur pédicule commun en peigne unilatéral ou en éventail, obscurément articulées, et garnies, sur leur côté interne, d'un double rang de barbes mobiles qui répondent aux articulations, et sont elles-mêmes foiblement annelées. La division postérieure, ou première division de chaque branchie, consistant en un filet imberbe séparé plus profondément que les autres; les deux filets souvent inégaux, le plus long se terminant alors par un disque propre à servir d'opercule.

Corps alongé, rétréci d'avant en arrière, formé de segmens nombreux moins distincts en dessus qu'en dessous, et serrés de plus en plus jusqu'à l'anus, qui est petit et peu saillant: le premier segment, tronqué obliquement pour l'insertion des branchies, mince et dilaté à son bord antérieur, compose, avec les sept anneaux suivans, une sorte de *thorax* revêtu en dessous d'un écusson membraneux, dont les bords ondulés se replient librement vers le dos, et dont la face présente les sept premières paires de pieds qui ont aussi leurs soies subulées repliées vers le dos; les pieds de la première paire plus écartés. — Animal contenu dans un tube naturel, fixé, ouvert à un seul bout, de substance calcaire.

ESPÈCES.

I.re Tribu. Serpulæ *simplices.*

Branchies conformées en éventail, susceptibles de se rouler en entonnoir ou en demi-cornet: les deux divisions imberbes inégales, dissemblables; la plus courte filiforme ou peu renflée, la plus longue insensiblement épaissie de la base au sommet, et terminée par un disque operculaire.

Thorax à écusson membraneux obtusément triangulaire: les deux premiers pieds situés aux deux angles supérieurs de l'écusson, très écartés; ceux des six paires suivantes rapprochés graduellement de la ligne moyenne du corps.

1.

1. SERPULA contortuplicata. *Serpule contournée.*

Ver à coquille tubuleuse. *ELLIS, Corallin. pag. 117, pl. 38, fig. 2.*

Serpula contortuplicata. *LINN. Syst. nat. tom. I, part. 2, pag. 1269, n.° 799.— GMEL. Syst. nat. tom. I, part. 6, pag. 3741, n.° 10.*

Serpula contortuplicata. *LAM. Syst. des anim. sans vertèbr. pag. 326.*

Serpula contortuplicata. *CUV. Règn. anim. tom. II, pag. 518.*

Espèce commune dans l'Océan, à tube demi-cylindrique, irrégulièrement contourné, ridé et strié en travers, caréné, rampant sur les coquilles et les pierres sous-marines.

CORPS long de douze à quinze lignes, les branchies non comprises, composé de quatre-vingt-dix à quatre-vingt-quinze segmens, le premier, à bord antérieur entier ou peu échancré, formant avec les sept suivans un thorax dont la longueur est celle du quart de l'abdomen; celui-ci divisé en dessous par un sillon longitudinal, et replié habituellement à son extrémité. *Pieds du thorax* à rames dorsales munies de faisceaux simples, d'un jaune doré, et à rames ventrales peu saillantes, garnies de soies à crochets très-serrées. *Pieds abdominaux* n'ayant aux rames ventrales que quelques soies rares et fines, mais possédant, pour rames dorsales, des rangs mobiles de soies à crochets qui se joignent presque sur le dos : ces rangs sont, à la vérité, peu proéminens, et se composent de soies absolument indistinctes à l'œil nu. *Branchies* presque égales, ayant, l'une, trente ou trente-deux, l'autre trente-deux ou trente-quatre digitations comprimées, garnies de barbes très-serrées, et pourvues en outre d'un petit filet terminal ; la base commune de ces digitations est arrondie obliquement d'avant en arrière, et les digitations antérieures sont plus courtes que les postérieures. La division imberbe non operculaire est un peu renflée au bout : l'operculaire paroît plus longue que les branchies ; elle est terminée par un disque en entonnoir, strié finement en rayons, tant à l'extérieur qu'à l'intérieur, et crénelé tout autour. Couleur quelquefois blanche, mais ordinairement rougeâtre, avec les branchies d'un rouge plus vif.

2. SERPULA vermicularis. *Serpule vermiculaire.*

Serpula vermicularis. *LINN. Syst. nat. tom. I, part. 2, pag. 1267, n.° 805 ;* cite mal-à-propos, pour l'animal, Ellis et Skene, qui ont parlé de l'espèce précédente.

Serpula vermicularis. *MÜLL. Zool. dan. part. III, pag. 9, tab. 86, fig. 7 et 8. — CUV. Règn. anim. tom. II, pag. 518.*

Espèce des mers d'Europe, à tube grêle et presque lisse, dont je ne connois l'animal que par les auteurs précités. Huit à neuf digitations à chaque *branchie*. *Opercule* en massue avec deux petites cornes.

3. SERPULA porrecta. *Serpule étendue.*

Serpula porrecta. *OTH. FABR. Faun. groenl. n.° 373.*

Petite espèce des mers de la Norvége, à tube spiral à la base, ascendant, très-uni. *Branchies* courtes, à trois digitations. *Opercule* orbiculaire.

4. SERPULA granulata. *Serpule granulée.*

Serpula granulata. *OTH. FABR. Faun. groenl. n.° 375.*

Autre petite espèce des mers de la Norvége, voisine de la précédente, à tube cannelé et presque régulièrement spiral.

5. SERPULA spirorbis. *Serpule spirorbe.*

Serpula spirorbis. *MÜLL. Zool. dan. part. III, pl. 86, fig. 1-6.*

Spirorbis nautiloïdes. *LAM. Hist. des anim. sans vertèbr. tom. V, pag. 359, n.° 1.*

De l'Océan. *Branchies* à trois divisions pinnées, à pinnules ou barbes grandes, écartées. *Filet operculaire* terminé par un disque elliptique. Cette petite espèce, dont le tube, complétement et régulièrement spiral, ressemble à la coquille d'un planorbe, est le type du genre *Spirorbis* de M. de Lamarck.

II.ᵉ Tribu. SERPULÆ *CYMOSPIRÆ.*

Branchies conformées en peigne à un seul côté, se contournant en vis à plusieurs tours de spire ; les deux divisions imberbes inégales, dissemblables, l'une très-courte et pointue, l'autre grosse, épaissie de la base au sommet et terminée en disque operculaire.

Thorax à écusson membraneux obtusément triangulaire : les deux premiers pieds situés aux deux angles supérieurs de l'écusson, très-écartés; ceux des six paires suivantes rapprochés graduellement de la ligne moyenne du corps (1).

6. SERPULA gigantea. *Serpule géant.*

Penicillum marinum. *SEBA, Thes. rer. natur. tom. III, pag. 39, tab. 16, fig. 7,* a. b.

Serpula gigantea. *PALL. Misc. zool. pag. 139, pl. 10, fig. 2-10. — GMEL. Syst. nat. tom. I, part. 6, pag. 3747, n.° 37.*

Serpula gigantea. *CUV. Collect. du Mus.* : et *Règn. anim. tom. II, pag. 518.*

Espèce des Antilles, qui vit sur les madrépores, et dont le tube mince et irrégulier se trouve souvent enveloppé dans leurs masses. Communiquée par M. de Lamarck.

CORPS long de cinq pouces, les branchies non comprises, formé de cent quarante segmens environ, le premier, à bord antérieur mince, ample et cordiforme, composant avec les sept suivans un thorax court; l'abdomen qui succède marqué d'un sillon en dessous, et un peu replié à son extrémité. *Pieds du thorax* à rames dorsales pourvues de faisceaux épais, d'un brun doré très-brillant, et à rames ventrales peu saillantes, garnies de soies à crochets très-nombreuses et très-serrées. *Pieds abdominaux* portant des faisceaux grêles

(1) M. de Lamarck soupçonne que c'est par une Serpule de cette seconde tribu qu'est habité le tube calcaire dont M. Denis de Monfort a fait un genre sous le nom de Magile, *Magilus.* Voyez *Hist. des anim. sans vertèbres, tom. V, pag. 371.* — Quelques espèces de la première tribu ont reçu de certains auteurs le nom d'Amphitrites.

composés de soies blondes excessivement fines, et des rangs dorsaux de soies à crochets peu marqués. *Branchies* égales, décrivant sur leur axe six à sept tours, à divisions très-nombreuses, cent et plus, terminées chacune par un filet crochu, et garnies de barbes très-fines sans être fournies ; ces branchies contractées font environ le cinquième de la longueur totale. Leur division imberbe non operculaire presque nulle et comme avortée ; la division operculaire très-grosse, plus courte que les branchies, obconique, terminée par un disque ou un plateau elliptique dont le bord postérieur est chargé d'un tubercule qui porte deux petites cornes rameuses. Couleur blanchâtre, teinte sur les branchies de violet ou d'incarnat.

7. SERPULA bicornis. *Serpule bicorne.*

Terebella bicornis. *ABILDG. Schr. der. Berl. Naturf. tom. IX, pag. 138, tab. 3, fig. 4. — GMEL. Syst. nat. tom. I, part. 6, pag. 3114, n.° 10.*

Espèce des mers de l'Amérique, décrite et figurée par Abildgaard dans les Mémoires de la société des naturalistes de Berlin. Son *opercule*, plus orbiculaire et porté sur un pédicule plus grêle que dans l'espèce précédente, est surmonté de deux petites cornes rameuses.

8. SERPULA stellata. *Serpule étoilée.*

Terebella stellata. *ABILDG. Schr. der. Berl. Naturf. tom. IX, pag. 138, tab. 3, fig. 5. — GMEL. Syst. nat. tom. I, part. 6, pag. 3114, n.° 11.*

Celle-ci, qui est aussi des mers de l'Amérique, se distingue de toutes les autres par son *opercule* triperfolié, c'est-à-dire, formé de trois disques successifs, le dernier surmonté d'un petit appendice turbiné, dont le plateau est parsemé d'épines branchues.

III.e Tribu. SERPULÆ *SPIRAMELLÆ.*

Branchies conformées en peigne à un seul rang, se contournant en vis à plusieurs tours de spire; la division imberbe de chacune également courte et pointue.

Thorax à écusson membraneux peu rétréci en arrière, et présentant les sept premières paires de pieds disposées sur deux lignes presque parallèles.

9. SERPULA bispiralis. *Serpule bispirale.*

Urtica marina singularis. *SEBA, Thes. rer. natur. tom. I, pag. 45, tab. 29, fig. 1 et 2.*

Sabella bispiralis *(Seb. I, XXIX, 1). CUV. Collect.*

Grande espèce de la mer des Indes, rapportée par feu Péron, et que son défaut d'opercule a dû faire prendre pour une Sabelle ; son tube ne m'est pas connu.

CORPS long de trois pouces et demi, les branchies, qui sont fort grandes, non comprises, déprimé, formé de cent trente - quatre segmens ; le premier à bord antérieur mince, découpé en trois lobes saillans, le lobe intermédiaire beaucoup plus large, réfléchi en dessous, comme échancré, les latéraux droits, demi-circulaires; les sept segmens qui suivent, très-grands, formant avec le précédent un thorax dont l'écusson est très-développé et dont la longueur égale celle de la moitié de l'abdomen : celui-ci, composé de segmens peu distincts sur le dos, mais saillans en plis sous le ventre, qui est divisé longitudinalement par un profond sillon. *Pieds thoraciques* à faisceaux de soies très-fournis, subdivisés chacun en trois autres faisceaux plats, d'un jaune doré, et à rangs de soies à crochets peu visibles. *Pieds abdominaux* à faisceaux de soies fort petits, plus longs et plus distincts vers l'anus, et à rangs de soies à crochets très-visibles, mais peu étendus et qui ne se prolongent sur le dos que vers l'extrémité du corps. Les neuvième et dixième segmens, c'est-à-dire, les deux premiers de l'abdomen, sont entièrement recouverts par le bord postérieur de l'écusson, et manquent, par une exception remarquable, de rames à soies à crochets. *Branchies* égales, décrivant neuf tours de spire sur un axe fort épais, à divisions très-nombreuses, quatre cents ou plus, garnies chacune de barbules fines et serrées, et terminées par un filet crochu : ces branchies contractées ont environ un pouce et demi, et font par conséquent le tiers de la longueur de tout l'animal; elles doivent en faire plus de la moitié dans leur développement complet : leurs deux divisions imberbes sont plus grosses et plus courtes que les digitations voisines, taillées en pointe et à peu près égales entre elles. Couleur gris blanchâtre, avec une teinte d'incarnat (1).

GENRE XXI, SABELLA.

BOUCHE exactement antérieure, peu saillante, transverse, située entre les branchies, qui lui fournissent inférieurement une lèvre auxiliaire membraneuse, avancée, plissée et bifide en dessous; point de *tentacules*.

PIEDS ou *APPENDICES* du premier segment nuls.

PIEDS du second segment et de tous les suivans ambulatoires, de trois sortes:

1.° *Premiers pieds* à rame dorsale petite, munie d'un faisceau de soies subulées, sans rame ventrale ni soies à crochets;

2.° *Seconds pieds* et suivans, jusques et compris les *huitièmes* ou *neuvièmes*, à rame dorsale pourvue d'un faisceau de soies subulées, et à rame ventrale garnie d'un rang de soies à crochets;

3.° *Neuvièmes* ou *dixièmes pieds* et tous les suivans, compris la *dernière paire*,

(1) Parmi les nombreuses espèces de Serpules qui ne peuvent trouver place ici parce que leur tube seul est bien connu, il s'en trouve, telles que la *Serpula triquetra* de Linné, qui ont ce tube clos par un opercule testacé. M. de Lamarck en compose deux genres particuliers sous les noms de Vermilie, *Vermilia*, et de Galéolaire, *Galeolaria*. Voyez *Hist. des anim. sans vert. tom. V, pag. 368 et suiv.*

à rame ventrale pourvue d'un faisceau de soies subulées, et à rame dorsale garnie d'un rang de soies à crochets.

Soies subulées tournées en dehors, un peu dilatées et coudées vers la pointe, qui est finement aiguë. — *Soies à crochets* très-courtes, minces, à courbure élevée, très-arquée, terminée inférieurement par une longue dent.

BRANCHIES au nombre de deux, portées par le premier segment, grandes, ascendantes, opposées face à face, profondément divisées, à divisions nombreuses, minces, linéaires ou sétacées, disposées, sur le bord supérieur du pédicule commun, en éventail ou en peigne unilatéral, obscurément articulées et garnies sur leur tranche interne d'un double rang de barbes cylindriques et mobiles, qui répondent aux articulations et sont elles-mêmes foiblement annelées. La division postérieure de chaque branchie consistant en un filet imberbe, séparé plus profondément que les autres et situé plus intérieurement: les deux filets à peu près égaux, courts et pointus.

CORPS linéaire, droit, rétréci seulement vers l'anus, qui est petit et peu saillant; composé de segmens courts et nombreux, qui constituent sous le ventre autant de plaques transverses, divisées, à l'exception des huit à neuf premières, par un sillon longitudinal: le premier segment, tronqué obliquement d'avant en arrière pour l'insertion des branchies, saillant et fendu à son bord antérieur, ne forme avec les huit ou neuf anneaux suivans qu'un *thorax* étroit, court, sans aucun écusson membraneux, et que distingue seulement la grandeur ou mieux encore la forme particulière des huit ou des neuf paires de pieds qu'il porte; les pieds de la première paire très-écartés. — Animal contenu dans un tube fixé verticalement, coriace ou gélatineux, ouvert à un seul bout, et généralement enduit à l'extérieur d'une couche factice de limon.

ESPÈCES.

I.re Tribu. SABELLÆ *ASTARTÆ.*

Branchies égales, flabelliformes, portant chacune un double rang de digitations et se roulant en entonnoir.

1. SABELLA indica. *Sabelle indienne.*

Sabella grandis. *CUV. Collect. du Mus.*

Magnifique espèce de la mer des Indes, dont le tube est coriace, épais, d'un brun noir, sans enduit sablonneux à l'extérieur. Rapportée par M. Péron, et communiquée par M. de Lamarck.

Corps long de quatre pouces et demi, large de cinq lignes, gros par conséquent pour sa longueur, pointu au bout, formé de deux cent vingt-sept segmens excessivement courts et serrés, sur-tout vers l'anus; le premier segment fendu en quatre lobes minces, qui enveloppent presque la base des branchies, et dont les deux intermédiaires plus avancés se recouvrent un peu mutuellement. *Pieds* pourvus de petits faisceaux de fines soies subulées d'un jaune très-brillant, et de rangs de soies à crochets peu saillans, mais plus étendus que dans les espèces suivantes; les pieds thoraciques, au nombre de huit paires; les deux premiers pieds abdominaux portant, par une exception fort singulière, deux faisceaux de soies subulées à leur rame ventrale. *Anus* rond, tourné en devant, garni intérieurement de huit papilles. *Branchies* surpassant en longueur la moitié du corps, fort remarquables par leur ampleur et leur bel aspect velouté, parfaitement conformées en éventail, très-épaisses, composées chacune de quatre-vingts digitations disposées sur deux rangs égaux et parallèles : toutes ces digitations garnies de barbes très-fines et très-serrées, et terminées par un filet subulé et crochu; les trois à quatre antérieures sont assez courtes. Divisions postérieures et imberbes plus courtes des trois quarts que les digitations voisines, droites, prismatiques, taillées en pointe. Couleur du corps tirant au rougeâtre ou au violet, avec un point noir à l'extrémité inférieure de chaque rang dorsal de soies à crochets; celle des branchies fauve, variée sur les digitations d'anneaux brun noirâtre, qui par leur réunion forment des bandes irrégulières transverses.

2. SABELLA magnifica. *Sabelle magnifique.*

Tubularia magnifica. *SHAW, Trans. linn. soc. tom. V, pag. 228, tab. 9*, et *Miscell. zool. tom. XII, tab. 450.* — Amphitrite magnifica. *LAM. Hist. des anim. sans vertèbr. tom. V, pag. 356, n.° 3.*

Autre fort belle espèce des côtes de la Jamaïque, assez bien figurée dans Shaw pour qu'on puisse, sans aucun doute, la rapporter à cette première tribu : ses divisions branchiales, disposées de chaque côté sur deux rangs, sont annelées de blanc et de rouge; les deux filets imberbes occupent le centre du cercle magnifique qu'elles forment dans leur épanouissement.

IIe Tribu. SABELLÆ *SIMPLICES.*

Branchies égales, flabelliformes, à un simple rang de digitations, se roulant en entonnoir.

3. SABELLA penicillus. *Sabelle pinceau.*

Penicillus marinus. *RONDEL. Hist. des poiss. part. 2, pag. 76, avec une figure.*

Sabella penicillus. *CUV. Collect. du Mus.*

Espèce des côtes de l'Océan; individu envoyé de Dieppe au Muséum d'histoire naturelle : le tube qui le contient est épais, gélatineux, recouvert à l'extérieur d'un limon fin et cendré, et deux fois plus long que tout l'animal.

Corps long de trois pouces, les branchies non comprises, épais, obtus au bout, formé de cent vingt-deux segmens, le premier fendu en quatre lobes; les deux lobes intermédiaires grands, avancés, renflés au côté interne, membraneux à la pointe, et réfléchis en dessous; les latéraux courts, demi-circulaires. *Pieds* à faisceaux de soies subulées petits, d'un jaune doré, et à rangs de soies à crochets courts et ferrugineux, moins saillans sur le thorax que sur les côtés de l'abdomen; pieds du thorax au nombre de huit paires. *Anus* plissé. *Branchies* égales en longueur à la moitié du corps, composées de digitations très-grêles, qui ont des barbes très-fines, très-serrées, assez longues, et un filet terminal fort court. Je compte trente-huit digitations à la branchie gauche, et quarante-deux à la droite; les deux ou trois digitations antérieures courtes dans l'une et dans l'autre. Divisions imberbes très-petites et très-menues. Couleur du corps gris rougeâtre, tirant au fauve; celle des branchies fauve pâle, sans taches.

4. SABELLA flabellata. *Sabelle éventail.*

Tubularia penicillus. *OTH. FABR. Faun. groenl. n.° 449.!*

Espèce des côtes de l'Océan, voisine de la précédente, mais plus petite et à branchies moins délicates: le tube, beaucoup plus long que le corps, est gélatineux, mince, recouvert d'un limon cendré.

Corps long de quinze lignes, les branchies non comprises, assez épais, obtus au bout, composé de quatre-vingt-douze segmens, le premier fendu en quatre lobes; les deux lobes intermédiaires courts et épaissis à leur côté intérieur; les latéraux presque nuls. *Pieds thoraciques* au nombre de huit paires, ceux de la première paire chargés d'un petit grain en dedans de leur faisceau; les autres n'offrent rien de remarquable, non plus que les pieds abdominaux. *Branchies* presque égales à la moitié du corps, ayant chacune de vingt-une à vingt-deux digitations barbues qui se terminent par une sorte de filet large au milieu, comprimé et courbé en demi-spirale; les trois à quatre digitations antérieures sont courtes. Divisions imberbes extrêmement courtes et menues. Couleur du corps grisâtre; celle des branchies gris-fauve pâle, variée, sur le dos des digitations, de mouchetures brunes également espacées, qui forment des zones circulaires quand les branchies s'épanouissent.

5. SABELLA pavonina. *Sabelle queue-de-paon.*

Scolopendra plumosa tubiphora. *BAST. Opusc. subs. tom. I, lib. 2, pag. 77, tab. 9, fig. 1.*

Tubularia penicillus. *MÜLL. Zool. dan. part. III, pag. 13, tab. 89, fig. 1, 2.* — Amphitrite penicillus. *LAM. Hist. des anim. sans vertèbr. tom. V, pag. 356, n.° 2.*

Autre espèce des côtes de l'Océan, que ses proportions ne permettent point de confondre avec les précédentes; son tube, de la longueur du corps, est gélatineux et revêtu d'un limon argileux gris cendré. Communiquée par M. Latreille.

Corps long de cinq pouces, large d'une ligne, par conséquent très-grêle, composé d'environ cent soixante segmens, le premier fendu en deux lobes courts et pointus. *Pieds* des deux espèces précédentes, avec les rames à crochets plus étroites encore et un peu plus saillantes : il y a en outre, non huit, mais neuf paires de pieds au thorax ; ceux de la première paire ne portent point de grains. *Branchies* égales au cinquième ou tout au plus au quart du corps, composées chacune de vingt-une digitations (vingt-trois dans Müller) très-grêles et très-délicates, à barbes très-fines et à filet terminal convexe, subulé et crochu : divisions imberbes médiocres, acuminées ; les digitations qui les précèdent immédiatement, plus fortes que les autres, colorées en violet très-intense. Couleur du corps grisâtre, avec les pieds d'un blanc pur, à soies d'un jaune doré ; et les branchies blanches, à digitations marquées de taches violettes espacées, qui se correspondent comme dans la *Sabelle éventail.*

Observation. — L'*Amphitrite infundibulum* de Montagu, *Trans. soc. linn. tom. IX, tab. 8,* appartient certainement à cette seconde tribu des Sabelles : j'y rapporterois aussi volontiers l'*Amphitrite vesiculosa* du même, *loc. cit. tom. XI, tab. 5 ;* et la *Tubularia fabricia* d'Othon Fabricius, *Faun. groenl. n.° 450.*

III.e Tribu. Sabellæ *Spirographes.*

Branchies en peigne à un seul côté et à un seul rang, se contournant en spirale.

6. Sabella unispira. *Sabelle unispirale.*

Spirographis Spallanzanii. *Viviani, Phosph. mar. pag. 14, tab. 4 et 5.*

Sabella unispira. *Cuv. Règn. anim. tom. II, pag. 519 ;* et *Collect. du Mus. de Paris.*

Espèce qui, aux branchies près, ressemble beaucoup aux Sabelles de la seconde tribu ; son tube, beaucoup plus long que le corps, est coriace, d'un brun verdâtre, avec un enduit sablonneux plus clair. Commune aux côtes de l'Océan et de la Méditerranée. Deux individus envoyés de la Rochelle par M. Fleuriau de Bellevue, et un troisième rapporté d'Iviça par M. de Laroche.

Corps long de trois pouces et demi à cinq pouces, les branchies non comprises, assez grêle, beaucoup moins cependant que dans la *Sabella pavonina,* pointu au bout, composé de cent trente-neuf, cent soixante-onze segmens ; le premier segment fendu en quatre lobes, les deux lobes intermédiaires plus épais et plus prolongés en avant. *Pieds* des trois espèces précédentes, à soies également d'un jaune doré : les pieds thoraciques au nombre de huit paires, ayant leurs rames à crochets très-sensiblement plus grandes que celles des pieds abdominaux, qui sont courtes et fort peu étendues. *Branchies* très-inégales : la plus petite n'a que vingt-huit digitations, les supérieures plus courtes ; la grande, qui est presque égale à la moitié du corps, paroît en avoir plus de cent. Ces digitations sont très longues, très-grêles, sétacées, à barbes très-fines et à très-petit filet terminal. Quand l'animal se contracte, la petite branchie entoure la base de la grande, qui se roule en quatre à cinq tours

tours de spirale. Divisions imberbes très-courtes et très-menues. Couleur gris-rougeâtre clair, avec des anneaux noirâtres également espacés sur les digitations des branchies.

7. SABELLA ventilabrum. *Sabelle porte-van.*

Corallina tubularia melitensis. *ELLIS, Corallin. pag. 107, pl. 33.* — Sabella penicillus. *LINN. Syst. nat. ed. 12, tom. I, part. 2, pag. 1269, n.° 814.* — Amphitrite ventilabrum. *GMEL. Syst. nat. tom. I, part. 6, pag. 3111, n.° 3.* — *LAM. Hist. des anim. sans vertèbr. tom. V, pag. 356; n.° 1.*

Espèce de la Méditerranée, que je n'ai point vue. *Branchies* pectiniformes, beaucoup moins inégales que celles de la précédente et peu contournées; la figure d'Ellis montre vingt-trois et vingt-huit digitations. Cent cinquante paires de *pieds* et plus, dont huit thoraciques. Tube recouvert d'une couche de sable fin et cendré.

8. SABELLA volutacornis. *Sabelle volutifère.*

Amphitrite volutacornis. *MONTAG. Trans. soc. linn. tom. VII, tab. 7, fig. 10, pag. 84.* — *LAM. Hist. des anim. sans vertèbr. tom. V, pag. 357, n.° 6.*

Amphitrite volutacornis. *LEACH, Encycl. brit. Suppl. tom. I, pag. 451, tab. 26, fig. 7.*

Belle espèce de l'Océan, qui se fait sur-tout remarquer par la grosseur de ses *branchies* roulées chacune en cinq à six tours de spire. Le corps est large et court, composé, autant qu'on peut en juger par les figures précitées, d'environ quatre-vingt-dix segmens, dont onze pour le thorax, qui seroit par conséquent pourvu de dix paires de pieds.

GENRE XXII, HERMELLA (1).

BOUCHE inférieure, située entre les supports des branchies, munie d'une lèvre supérieure et de deux demi-lèvres inférieures longitudinales, minces et saillantes; sans *tentacules.*

PIEDS ou *APPENDICES* du premier segment anomaux, constituant ensemble deux cirres inférieurs, portés par deux lobules situés sous la bouche, et deux triples rangs supérieurs arqués et contigus de soies plates qui composent une couronne elliptique destinée à servir d'opercule; les deux rangs extérieurs de cette couronne très-ouverts, à soies fortement dentées, inclinées en dehors, et le rang intérieur à soies entières, courbées en dedans; le plus extérieur des trois rangs mobile, entouré lui-même d'un cercle de denticules charnus.

(1) Nom substitué à celui d'*Amymone*, que l'Académie n'a pas approuvé. *Voyez* le Rapport de MM. Cuvier, de Lamarck et Latreille (M. Latreille rapporteur), imprimé dans le recueil des *Mémoires de l'Académie des sciences*, dans les *Annales du Muséum d'histoire naturelle*, et dans l'édition *in-8.°* de mes *Mémoires sur les animaux sans vertèbres.*

PIEDS du second segment et des suivans munis à leur base supérieure d'un cirre plat, alongé, acuminé, tourné en devant; d'ailleurs de trois sortes :

1.° *Premiers pieds* sans soies visibles, mais pourvus d'un petit cirre inférieur, tourné en devant;

2.° *Seconds, troisièmes* et *quatrièmes pieds* à rame ventrale munie d'un faisceau de soies subulées, et à rame dorsale garnie de soies à palette lisse;

3.° *Cinquièmes pieds* et tous les suivans, compris la *dernière paire*, à rame ventrale munie d'un faisceau de soies subulées, et à rame dorsale garnie d'un rang de soies à crochets ; la paire des cinquièmes pieds distinguée en outre par deux petits cirres inférieurs et connivens.

Soies subulées dirigées toutes en dedans ; celles des deuxièmes, troisièmes et quatrièmes pieds, comprimées et lancéolées à leur pointe ; les autres simplement infléchies. — *Soies à crochets* excessivement minces et courtes, découpées sous leur bout en trois à quatre dents.

BRANCHIES au nombre de deux, situées sous le premier segment, occupant l'intervalle qui sépare sa couronne operculaire de ses deux cirres inférieurs, consistant chacune en une touffe de filets sessiles, aplatis, sétacés, alignés fort régulièrement sur plusieurs rangs transverses.

CORPS presque cylindrique, avec un léger renflement au milieu, aminci à son extrémité postérieure, composé de segmens peu nombreux : le premier segment apparent très-grand, dépassant antérieurement la bouche, tronqué obliquement d'avant en arrière pour recevoir la couronne operculaire, et fendu profondément par-dessous sur toute sa longueur pour fournir deux supports aux divisions branchiales ; les derniers segmens alongés, membraneux, sans pieds, composant une queue tubuleuse, grêle et cylindrique, repliée en dessous, terminée par un petit anus. — Animal contenu dans un tube fixé, sablonneux, ouvert par un seul bout, et réuni avec d'autres tubes semblables en une masse alvéolaire.

ESPÈCES.

1. HERMELLA alveolata. *Hermelle alvéolaire.*

Ver à tuyau. RÉAUM. *Mém. de l'Acad. des sciences, année 1711, pag. 165.*

Tubularia arenosa anglica. *ELL. Corall. pag. 104, pl. 36.* — Psamatotus. GUETTARD, *Mém. tom. III, pag. 68, pl. 69, fig. 2.* — Tubipora arenosa. *LINN. Syst. nat. ed. 10, tom. I, pag. 790.* — Sabella alveolata. *LINN. Syst. nat. ed. 12, tom. I, part. 2, pag 1268, n.° 812.* — *GMEL. Syst. nat. tom. I, part. 6, pag. 3749, n.° 3.*

Amphitrite alveolata. *CUV. Dict. des scienc. nat. tom. I, pag. 79, n.° 4;* et *Règn. anim. tom. II, pag. 521.*

Sabellaria alveolata. *LAM. Hist. des anim. sans vertèbr. tom. V, pag. 352, n.° 1.*

Amphitrite ostrearia. *CUV. Dict. des scienc. nat. tom. I, pag. 79, n.° 3.!*

Espèce des côtes de l'Océan et de celles de la Méditerranée jusqu'en Syrie.

CORPS long de quinze lignes et formé de trente-trois segmens, sa queue tubuleuse non comprise ; le premier segment égal aux cinq suivans réunis, fendu jusqu'au milieu de sa couronne. Couronne operculaire composée d'environ cent soixante soies ou paillettes, quatre-vingts de chaque côté, dont trente-six appartiennent au rang extérieur, vingt-huit à trente au rang mitoyen, quinze à dix-huit au rang intérieur, et qui ont toutes l'éclat de l'or; les soies du rang extérieur et celles du rang mitoyen sont découpées en quatre fortes dents courbées et tournées en arrière, outre un petit denticule sur le côté opposé. Les trois premières paires de rames dorsales étroites, plates et saillantes, avec des soies à palette qui ont l'éclat et les reflets de la nacre : les paires suivantes, au nombre de vingt-neuf, sont des feuillets qui vont en diminuant de grandeur après la septième paire, et dont les soies à crochets sont d'une extrême finesse. Toutes ces rames sont dirigées en arrière, tandis que les rames ventrales se portent en avant. Les divisions de chaque *branchie* sont alignées sur dix rangs. Le tube anal, assez long pour dépasser en se courbant la moitié du corps, est vraisemblablement composé de plusieurs segmens ; mais je n'y vois aucune articulation distincte. Couleur rougeâtre avec une nuance de violet.

Les individus décrits et figurés par Ellis sont de moitié plus petits que ceux que j'ai sous les yeux, et ils pourroient bien constituer une autre espèce.

2. HERMELLA chrysocephala. *Hermelle chrysocéphale.*

Nereïs chrysocephala. *PALL. Nov. Act. Petrop. tom. II, pag. 235, tab. 5, fig. 20.* — Terebella chrysocephala. *GMEL. Syst. nat. tom. I, part. 6, pag. 3111, n.° 6.*

Espèce de la mer des Indes, observée par Pallas, très-remarquable par sa longueur, qui est de plus de quatre pouces ; elle se distingue encore de la précédente par la forme de sa couronne, dont le rang le plus intérieur est moins séparé à sa base du rang mitoyen, et par quelques autres différences assez légères.

GENRE XXIII, TEREBELLA.

BOUCHE presque exactement antérieure, à deux lèvres transverses : la lèvre supérieure large, avancée, voûtée, surmontée de nombreux tentacules ; la lèvre inférieure étroite, plissée en travers.

Tentacules insérés autour de la lèvre supérieure, inégaux, la plupart très-longs, filiformes, striés circulairement, très-extensibles, marqués en dessous d'un sillon, frisés sur les bords, et rendus visqueux et préhensiles par de fines aspérités.

Pieds ou *appendices* des trois premiers segmens nuls ou anomaux.

Appendices du *premier segment* nuls ou consistant en deux feuillets inférieurs, demi-circulaires, contigus à leur base, écartés à leur sommet, tournés en devant.

Appendices du *second segment* toujours nuls.

Appendices du *troisième segment* nuls ou consistant en deux feuillets inférieurs, écartés dès leur base, semblables d'ailleurs aux précédens.

Pieds du quatrième segment et de ceux qui suivent, conformés à l'ordinaire, de trois sortes :

1.° *Premiers pieds* à rame dorsale pourvue de soies subulées, sans rame ventrale ni soies à crochets ;

2.° *Seconds pieds* et les suivans, jusques et compris les *dix-septièmes* et même les *dix-neuvièmes*, à rame dorsale pourvue d'un faisceau de soies subulées, et à rame ventrale en forme de mamelon transverse, armée d'un double rang de soies à crochets ;

1.° *Dix-huitièmes* ou *vingtièmes pieds* et les suivans, compris la *dernière paire*, sans rame dorsale, à rame ventrale garnie, comme les précédentes, d'un double rang de soies à crochets ; les pieds des trois derniers segmens presque imperceptibles.

Soies subulées tournées toutes en dehors, terminées simplement en pointe. — *Soies à crochets* courtes et minces, étranglées vers leur sommet, qui est relevé, arrondi en dessus, et découpé par-dessous en quatre dents.

Branchies au nombre de six, de quatre ou de deux, complétement supérieures, insérées sur les second, troisième et quatrième segmens, près de la base des appendices quand ceux-ci existent, consistant en autant d'arbuscules délicats, plus ou moins touffus.

Corps alongé, fuselé ou ventru, garni par-dessous d'une large bandelette charnue, qui s'étend du second segment au quatorzième, où elle se termine en pointe, prolongé après le dix-huitième ou le vingtième segment en une queue cylindrique, dirigée en arrière et composée d'anneaux très-nombreux ; les trois à quatre derniers anneaux formant un tube court, replié en dessous, terminé par un anus plissé et circulaire. — Animal contenu dans un fourreau fixé, membraneux, peu solide, ouvert au bout antérieur, presque fermé au postérieur, grossièrement recouvert de grains de sable et de fragmens de coquilles.

ESPÈCES.

I.re Tribu. TEREBELLÆ *SIMPLICES.*

Lèvre supérieure non dilatée en deux lobes. — *Appendices* des *premier* et *troisième segmens* formant ensemble quatre lobes latéraux dirigés en avant. — *Branchies* au nombre de trois paires, ramifiées dès leur base, insérées aux second, troisième et quatrième segmens.

1. TEREBELLA conchilega. *Térébelle coquillière.*

Nereïs conchilega. *PALL. Misc. zool. pag. 131, tab. 8, fig. 17-22.* — Amphitrite conchilega. *BRUG. Encycl. méth. Dict des vers, tom. I, pag. 52, n.° 2 :* et *pl. 57, fig. 5-12.* —Terebella conchilega. *GMEL. Syst. nat. tom. I, part. 6, pag. 3113, n.° 3.*

Terebella conchilega. *CUV. Règn. anim. tom. II, pag. 519.*

Terebella prudens. *CUV. Dict. des scienc. nat. tom. II, pag. 81.!*

Espèce des côtes de l'Océan, dont le tube assez délicat, composé de petits cailloux et de petits fragmens de coquilles, présente une agréable variété de couleurs.

CORPS long de huit à neuf pouces, la queue seule en fait plus des trois quarts, large de trois lignes près des branchies, et de moins de deux vers le milieu de la queue, par conséquent assez grêle, point ventru, garni d'un bourlet saillant sur les côtés, formé, la bouche non comprise, de cent trente-quatre anneaux sillonnés circulairement; ces anneaux, d'abord fort courts, s'alongent très-sensiblement du huitième au dix-septième, qui n'a pas moins de huit à neuf sillons ou subdivisions, et se raccourcissent de même très-sensiblement du dix-septième au vingt-huitième, après lequel ils sont courts jusqu'à l'anus. *Tentacules* antérieurs médiocres, les postérieurs plus longs. Lobes du troisième segment moins saillans que ceux du premier, très-écartés. *Pieds thoraciques,* ou pourvus de soies subulées, au nombre de dix-sept paires, insérées, à ce qu'il me paroît, à l'extrémité antérieure de leur segment; les premières paires très-rapprochées, les suivantes écartées de plus en plus, toutes à rames ventrales en forme de mamelons transverses. Cent quatorze paires de *pieds caudaux,* ou privés de soies subulées, à rames étroites, plates et saillantes en arrière; les dernières paires fort petites. Couleur du corps fauve léger, teint d'une nuance d'incarnat, la bande pectorale rougeâtre, les tentacules blanchâtres, les soies d'un jaune clair, et les branchies d'un rouge très-vif pendant la vie; les deux branchies postérieures sont ordinairement les plus courtes.

2. TEREBELLA Medusa. *Térébelle Méduse.*

TEREBELLA Medusa. *Annelides gravées, planche I, figure* 3 ; individu pris dans le golfe de Suez.

Espèce nouvelle des côtes de la mer Rouge, plus grosse que la précédente, à segmens plus serrés, du reste assez semblable; son tube, rampant et tortueux, offre à l'extérieur des cailloux et de gros fragmens de coquilles confusément disposés.

Corps long de cinq à six pouces, la queue n'en fait que les deux tiers, sensiblement ventru, point bordé sur les côtés, composé de quatre-vingt-dix segmens courts et marqués par-dessous d'un léger canal qui s'étend de la bande pectorale à l'anus. *Tentacules* grands, et dont quelques-uns, dans leur état de contraction, excèdent encore le tiers du corps. Lobes des premier et troisième segmens presque égaux et presque également écartés. Dix-sept paires de *pieds thoraciques* et soixante-dix paires de *pieds caudaux*, toutes conformées et disposées à peu près comme dans la *Térébelle coquillière*. Elles sont beaucoup plus rapprochées; elles sont aussi placées plus inférieurement sous la queue. Couleur du corps cendrée, avec une teinte rougeâtre; la bande pectorale rouge clair à sa base, rouge de sang au sommet; un trait noir sur les rames ventrales du thorax, deux autres traits noirs sur le bord postérieur de chacun de ses segmens en dessus, et deux mouchetures correspondantes au-dessous, également noires: des points saillans, noirs ou blancs, bordent la marge postérieure de tous les anneaux de la queue. Les tentacules sont blancs, et les branchies dans l'animal vivant sont d'un très-beau rouge.

3. TEREBELLA cirrata. *Térébelle cirreuse.*

Ver-Méduse. *DICQUEM. Journ. de phys. 1777, mars, pag. 215, tab. 1, fig. 10, 11.*

Nereïs cirrosa. *LINN. Syst. nat. ed. 12, tom. I, part. 2, pag. 1085, n.° 3.*

Amphitrite cirrata. *MÜLL. Wurmern, pag. 188, tab. 15, fig. 1, 2.* — *BRUG. Encycl. méth. Dict. des vers, tom. I, pag. 53, n.° 3;* et *pl. 58, fig. 16, 17.* — Terebella cirrata. *GMEL. Syst. nat. tom. I, part. 6, pag. 3112, n.° 1.*

Amphitrite cirrata. *OTH. FABR. Faun. groenl. n.° 269.*

Espèce des mers du Nord, que je n'ai point vue; voisine, à ce qu'il paroît, de la précédente; habite un tube assez compacte, composé d'argile et de grains de sable. *Corps* long de trois à quatre pouces, formé de soixante à soixante-dix segmens plissés et marqués en dessous d'un canal qui se prolonge jusqu'à l'anus. *Tentacules* blancs ou rougeâtres; les plus grands, étendus, ont la longueur de la moitié du corps. Les lobes du premier et du troisième segment manqueroient-ils? Dix-sept paires de *pieds* au thorax. *Branchies* divisées dès leur base en cinq à six rameaux simples, sub-articulés. Couleur générale rouge ou brune, avec les plis du ventre plus pâles.

OBSERVATION. — Les *Terebella gigantea, cirrata, nebulosa, constrictor* et *venustata* de M. Montagu (*Trans. soc. linn. tom. XII, tab. 11, 12 et 13*), ont toutes six branchies, et paroissent appartenir à cette première tribu.

IIe Tribu. TEREBELLÆ *PHYZELIÆ.*

Lèvre supérieure dilatée à sa base en deux lobes latéraux tentaculifères. — *Appendices* du *premier* et du *troisième segment* nuls. — *Branchies* au nombre de deux paires, ramifiées dès leur base, insérées aux second et troisième segmens.

4. TEREBELLA Scylla. *Térébelle Scylla.*

Espèce nouvelle de la mer Rouge, dont le tube est principalement composé d'un sable très-fin. La même trouvée sur les côtes de la Rochelle par M. d'Orbigny, communiquée par M. Latreille.

Taille inférieure à celle des précédentes. *Tentacules* assez longs. Dix-neuf paires de *pieds thoraciques*, à rames ventrales en forme de mamelons transverses. Les *pieds caudaux* ressemblent aux pieds thoraciques, aux soies subulées près, et sont de même en mamelons transverses : j'en ignore le nombre, les individus que je possède n'étant pas complets. Couleurs de la *Térébelle coquillière.*

5. TEREBELLA cincinnata. *Térébelle chevelue.*

Amphitrite cincinnata. *OTH. FABR. Faun. groenl. n.° 270.*

Espèce des mers du Nord, qui, d'après la description de Fabricius, auroit des faisceaux de soies subulées à tous les pieds ; caractère étranger aux espèces précédentes, et qui me semble avoir besoin de confirmation. *Corps* long de neuf pouces, gros comme une plume de cygne, formé d'environ cent segmens, canaliculé sous la queue. *Tentacules* assez courts, d'un rouge pâle. *Soies* blanches. *Branchies* transparentes, rouges intérieurement, divisées en dix rameaux, et munies à leur base d'un filet subulé et noirâtre.

IIIe Tribu. TEREBELLÆ *IDALIÆ.*

Lèvre supérieure . . . . — *Appendices* des *premier* et *troisième segmens* nuls. — Une seule paire de *branchies* ramifiée à l'extrémité, insérée (à ce qu'il paroît) au troisième segment.

6. TEREBELLA cristata. *Térébelle papilleuse.*

Amphitrite cristata. *MÜLL. Zool. dan. part. II, pag. 40, tab. 70.* — *GMEL. Syst. nat. tom. II, part. 6, pag. 3111, n.° 5.*

Autre espèce des mers du nord de l'Europe, observée par Müller. *Tentacules* cinq à six fois plus courts que le corps. Dix-sept paires de *pieds thoraciques*. La figure peut faire supposer près de soixante-dix segmens.

7. TEREBELLA ventricosa. *Térébelle ventrue.*

Amphitrite ventricosa. *Bosc, Hist. des vers, tom. I, pl. 6, fig. 4, 5.*

Voilà encore une espèce qui auroit, d'après la figure qu'en donne M. Bosc, des soies subulées à tous les pieds. Elle est des mers de l'Amérique septentrionale.

GENRE XXIV, AMPHICTENE.

BOUCHE inférieure, transverse, à deux lèvres ; la lèvre supérieure relevée, saillante, pliée longitudinalement, surmontée d'un voile demi-circulaire et dentelé, et entourée, sous ce voile, de nombreux tentacules ; lèvre inférieure très-courte.

Tentacules insérés autour et sur les côtés de la lèvre supérieure, assez grands (beaucoup moins que dans les Térébelles), inégaux, filiformes, striés circulairement, très-contractiles, creusés d'un sillon en dessous, et rendus visqueux et préhensiles par de fines aspérités.

PIEDS ou *APPENDICES* des quatre premiers segmens anomaux, dissemblables.

Appendices du *premier segment* constituant ensemble deux cirres latéraux écartés, et deux rangs supérieurs, transverses et rapprochés, de soies plates, étagées, légèrement recourbées, représentant les dents d'un peigne sur la face aplatie et operculaire du segment qu'elles occupent.

Appendices du *second segment* réduits à deux cirres latéraux, semblables aux deux précédens et situés derrière.

Appendices du *troisième segment* ne consistant qu'en deux petites callosités inférieures, très-rapprochées.

Appendices du *quatrième segment* consistant en deux callosités cartilagineuses, plus grandes que les précédentes, plus saillantes, plus écartées, ne possédant de même aucune soie.

PIEDS du cinquième segment et de ceux qui suivent, conformés à l'ordinaire, de trois sortes :

1.° *Premiers, seconds* et *troisièmes pieds* à rame dorsale munie d'un faisceau de soies subulées, sans rame ventrale ni soies à crochets ;

2.° *Quatrièmes pieds* et suivans jusques et compris les *seizièmes*, à rame dorsale également munie d'un faisceau de soies subulées, et à rame ventrale saillante, lunulée, pourvue d'un rang de soies à crochets ;

3.° *Dix-septièmes pieds* et suivans, compris la *dernière paire*, sans rame dorsale et sans soies visibles, à l'exception de la dix-huitième paire, qui offre généralement deux rangs supérieurs et transverses de soies plates, disposées comme celles du peigne du premier segment.

Soies subulées tournées toutes en dehors, fines et simplement pointues. — *Soies à crochets* très-courtes, très-minces, relevées à leur bout, qui est découpé par-dessous en plusieurs dents.

BRANCHIES

BRANCHIES au nombre de quatre, moins latérales qu'inférieures, transverses, courbées en faux, attachées à la base extérieure des appendices du troisième et du quatrième segment, consistant chacune en une rangée de plusieurs feuillets oblongs ou demi-circulaires, portés sur un pédicule flottant à son extrémité.

CORPS épais, arrondi en cône inverse, c'est-à-dire, aminci d'avant en arrière, à segmens peu nombreux, le premier tronqué obliquement pour recevoir le peigne et former l'opercule; les derniers segmens composant, après le peigne postérieur, une queue courte, épaisse, qui se replie immédiatement en dessous et s'ouvre en un anus inférieur dépassé par une lame operculaire supérieure, plus ou moins saillante. — Animal contenu dans un fourreau libre, mobile, conique en sens inverse, ouvert au bout antérieur, presque fermé au postérieur, droit ou légèrement courbé, très-régulier.

ESPÈCES.

I.re Tribu. AMPHICTENÆ *CISTENÆ.*

Voile oral non distingué du segment operculaire par un étranglement.

1. AMPHICTENE auricoma. *Amphictène dorée.*

Nereïs cylindraria belgica. *PALL. Misc. zool. pag. 117, tab. 9, fig. 3-5.* — Amphitrite belgica. *BRUG. Encycl. méth. Dict. des vers, tom. I, pag. 56, n.° 6;* et *pl. 58, fig. 1-9.*

Solen fragilis. *KLEIN, Echinod. pag. 62, tab. 33, fig. A et B.* — Sabella belgica. *GMEL. Syst. nat. tom. I, part. 6, pag. 3749, n.° 5.*

Ver à tuyau conique. *DICQUEM. Journ. de phys. 1779, juill. pag. 54, tab. 2, fig. 1-12.*

Sabella granulata. *LINN. Syst. nat. ed. 12, tom. I, part. 2, pag. 1268, n.° 809.*

Amphitrite auricoma. *MÜLL.* Zool. *dan. part. I, pag. 26, tab. 26.* — Amphitrite auricoma. *BRUG. Encycl. méth. Dict. des vers, tom. I, pag. 54, n.° 4;* et *pl. 58, fig. 10-15.*

Amphitrite auricoma. *OTH. FABR. Faun. groenl. n.° 272.* — Amphitrite auricoma. *GMEL. Syst. nat. tom. I, part. 6, pag. 3111, n.° 4* (cette espèce et la troisième).

Amphitrite auricoma. *CUV. Dict. des scienc. nat. tom. II, pag. 78;* et *Règn. animal, tom. II, pag. 521.*

Pectinaria belgica. *LAM. Cours de zool. pag. 96;* et *Hist. des anim. sans vertèbr. tom. V, pag. 350, n.° 1.*

Cistena Pallasii. *LEACH, Encycl. brit. Suppl. tom. I, pag. 452, tab. 26, fig. 6.*

Espèce de l'Océan. Individus recueillis sur les côtes de France et d'Angleterre, contenus dans des tubes minces, incrustés de grains de sable plats très-serrés, très-régulièrement disposés, la plupart d'un rouge ferrugineux. Communiqués par MM. Leach et Latreille.

Corps long de douze à dix-huit lignes, large de trois à quatre près des branchies, formé de vingt-six segmens courts, compris les cinq derniers, qui se réunissent en une queue demi-cylindrique, dont les bords, repliés en dessus, sont dépassés à l'extrémité par la petite lame ovale qui sert d'opercule à l'anus. *Voile de la bouche* découpé en une trentaine de dentelures fines et subulées. *Tentacules* fins et nombreux. *Peignes antérieurs* chacun de seize soies grêles, courbées, très-aiguës, offrant la couleur et l'éclat de l'or bruni. Müller ne compte que treize soies à chaque peigne, et Othon n'en compte que neuf; différences qui ne surprendront point, si l'on considère que ces mêmes soies sont séparément et complétement rétractiles. *Cirres* du premier et du second segment renflés à la base avec deux petits grains, subulés à la pointe. *Rames ventrales* lunulées, détachées et saillantes à leur pointe interne. *Peignes postérieurs* de cinq soies. *Branchies* à feuillets demi-elliptiques, très-délicats et très-serrés. *Anus* ovale et plissé. Couleur blanc rougeâtre avec des reflets violets; le ventre, plus pâle, est marqué d'une raie longitudinale rouge de sang, qui s'efface après la mort; les branchies sont d'un rouge obscur, et toutes les soies brillent du même éclat que les dents des peignes.

II.ᵉ Tribu. AMPHICTENÆ *SIMPLICES.*

Voile oral distingué du segment operculaire par un profond étranglement et par deux papilles.

2. AMPHICTENE ægyptia. *Amphictène égyptienne.*

AMPHICTENE ægyptia. *Annelides gravées, planche I, figure 4*; individu du golfe de Suez.

Espèce nouvelle des côtes de la mer Rouge, dont le tube membraneux, plus épais et plus solide que celui de la précédente, est revêtu de grains de sable plus gros, mais non moins régulièrement disposés.

Corps long de trois pouces six lignes, conformé comme dans l'*Amphictène dorée*, moins aminci en arrière; même nombre et même forme de segmens; queue plus large, ovale, très-déprimée, à bords minces et membraneux, repliés en dessus; l'anus très-ouvert, pourvu inférieurement d'une sorte de lèvre en mamelon, charnue et cannelée, et, supérieurement, d'une lame operculaire très-courte. *Voile* de la bouche découpé en vingt-quatre ou vingt-six dents pointues. *Tentacules* assez épais, d'un rouge clair. *Peignes antérieurs* chacun de dix-sept soies presque droites, émoussées; ces peignes, à l'endroit de leur jonction, se courbent en arc, en remontant un peu vers le dos. *Cirres* des premier et second segmens à base épaisse, terminés en petits filets. *Rames ventrales, branchies* et couleurs de la première espèce. On distingue peu les peignes postérieurs.

3. AMPHICTENE capensis. *Amphictène du Cap.*

Teredo Chrysodon. *BERG. Act. Stockh. 1765, pag. 228, tab. 9, fig. 1-3.*—Sabella Chrysodon. *LINN. Syst. nat. ed. 12, tom. I, part. 2, pag. 1269, n.° 813.*

Nereïs cylindraria capensis. *PALL. Misc. zool. pag. 118, tab. 9, fig. 1, 2.* — Amphitrite capensis. *BRUG. Encycl. méth. Dict. des vers, tom. I, pag. 54, n.° 5 ;* et *pl. 57, fig. 13, 14.*

Amphitrite capensis. *CUV. Dict. des scienc. nat. tom. II, pag. 78;* et *Règn. anim. tom. II, pag. 521.*

Pectinaria capensis. *LAM. Hist. des anim. sans vertèbr. tom. V, pag. 350, n.° 2.*

Belle espèce des mers voisines du Cap de Bonne-Espérance, très-remarquable par son tube papyracé, fragile, cendré clair, sans aucune trace d'incrustation extérieure, et qui semble composé par la superposition d'un nombre infini de petits fragmens agglutinés. Communiquée par M. Cuvier.

CORPS long de quatre pouces et plus, formé de vingt-six segmens, comme dans les congénères, mais à segmens bordés sur les côtés, ridés circulairement et alongés, sur-tout depuis le dixième, sur lequel on compte déjà six à sept rides annulaires, jusqu'au dix-huitième, qui en présente quatorze à quinze très-serrées; les cinq derniers segmens réunis en une queue étroite, cylindrico-conique, lisse en dessous, canaliculée en dessus, et terminée par une lamelle elliptique assez prolongée. *Voile* séparé du segment operculaire par un étranglement, et garni de vingt-quatre dents filiformes, les extérieures très-longues. *Peignes antérieurs* formés chacun de dix-sept soies longues et pointues; ils ne remontent point vers le dos. *Cirres* des premier et second segmens terminés en longs filets. *Rames ventrales* peu lunulées. Je compte huit soies à chacun des *peignes postérieurs* qui sont très-visibles. *Branchies* à feuillets oblongs, vraisemblablement du même rouge brun que dans les deux espèces précédentes. Le corps offre les mêmes reflets; et toutes les soies, le même éclat d'or bruni (1).

(1) L'*Amphitrite plumosa* de Müller constitue un genre particulier, dont la place dans le système est encore incertaine. En examinant la figure publiée par Müller, je trouve la bouche surmontée d'une touffe de tentacules, et près de cette bouche, sur les côtés, deux filets contractiles légèrement annelés, très-gros et très-longs. Je trouve de plus des pieds disposés sur tous les segmens du corps (je parle des segmens apparens), et constitués de chaque côté par deux rames distinctes, courtes, sans cirre supérieur ni cirre inférieur. La nature des soies que portent ces rames, ne paroît pas douteuse; on croit voir des soies subulées, plus ou moins épanouies en éventail: celles des rames dorsales les plus voisines de la bouche sont fort longues, dirigées en haut et en avant, et voûtées. Voilà tout ce que peut apprendre la figure de Müller. Mais quelle est l'insertion des deux gros filets antérieurs, qui ressemblent par leur forme aux antennes extérieures des Aphrodites? Tiennent-ils au premier ou au second segment? Ces filets sont-ils des cirres? sont-ils, malgré leur couleur blanchâtre, des branchies non divisées? Les rames se composent-elles uniquement de soies subulées? ou les unes portent-elles des soies subulées, les autres des soies à crochets? Ce sont des difficultés que la courte notice jointe à la figure ne donne assurément aucun moyen de lever.

La description très-détaillée qu'Othon Fabricius a laissée depuis du même animal, diffère en plusieurs points de celle de Müller, et ne l'éclaircit sur aucun, ou du moins ne donne lieu qu'à des conjectures si vagues, que je crois inutile de m'y arrêter.

SIXIÈME FAMILLE.

LES MALDANIES, MALDANIÆ.

Branchies nulles; l'organe respiratoire ne fait aucune saillie à la surface de la peau.

Bouche à deux lèvres extérieures, sans tentacules.

Pieds dissemblables : ceux du premier segment nuls ou anomaux; ceux des segmens suivans ambulatoires, de plusieurs sortes : la première paire, et les deux paires suivantes, constamment dépourvues de rames ventrales et de soies à crochets (1).

GENRE XXV, Clymene.

Bouche inférieure, à deux lèvres transverses, saillantes et cannelées : la lèvre supérieure précédée d'une sorte de voile court, échancré, marqué postérieurement, depuis l'échancrure, d'un double sinus longitudinal; la lèvre inférieure plus ou moins avancée, et renflée.

Pieds ou *appendices* du *premier segment* nuls, ou du moins ne consistant qu'en une rangée supérieure et demi-circulaire de crénelures charnues qui rejoignent les bords latéraux du voile, et circonscrivent postérieurement la face operculaire du segment qu'elles occupent.

Pieds du *second segment* et de ceux qui suivent, jusques et compris le *pénultième*, ambulatoires, de trois sortes :

1.° *Premiers, seconds* et *troisièmes pieds* à rame dorsale pourvue d'un faisceau de soies subulées, sans rame ventrale ni soies à crochets;

2.° *Quatrièmes pieds* et tous les suivans, ceux des trois dernières paires exceptés, à rame dorsale portant de même un faisceau de soies subulées, et à rame ventrale en forme de mamelon transverse, armée d'un rang de soies à crochets;

3.° *Pieds* des *trois dernières paires* sans rame dorsale, à rame ventrale semblable aux précédentes, avec des soies peu visibles.

Soies subulées tournées en dehors, terminées en pointe très-fine. — *Soies à*

(1) *Intestin* dépourvu de *cœcums*. Il est grêle, sans boursouflures sensibles, et tout droit.

crochets minces, alongées, arquées et découpées à leur bout en trois dents inégales, la dent supérieure plus courte.

Corps grêle, cylindrique, légèrement renflé dans sa partie moyenne, de même grosseur aux deux bouts, composé de segmens peu nombreux : le premier segment dilaté et tronqué obliquement d'avant en arrière pour servir d'opercule antérieur; le dernier segment constituant un opercule postérieur infundibuliforme, dentelé, marqué de rayons correspondans à ses dentelures et saillans dans sa cavité, au fond de laquelle est l'anus entouré d'un cercle de papilles charnues. — Animal contenu dans un tube fixé, membraneux, cylindrique, ouvert également aux deux extrémités.

ESPÈCES.

1. Clymene Amphistoma. *Clymène Amphistome.*

Clymene Amphistoma. *Annelides gravées, planche I, figure* 1 ; individu recueilli dans le golfe de Suez.

Espèce indigène des côtes de la mer Rouge, qui habite des tubes grêles, onduleux, fragiles, composés à l'extérieur de grains de sable et de fragmens de coquilles, fixés dans les interstices des rochers ou dans ceux des madrépores et autres productions marines.

Corps long de quatre à six pouces, formé de vingt-huit segmens, à ce que je crois : le premier à face operculaire convexe, entourée postérieurement de dix crénelures tronquées; les suivans cylindriques, d'abord un peu courts, alongés par degrés vers le milieu du corps, ensuite fort grands, étranglés à l'extrémité antérieure, renflés à la postérieure, arqués et séparés de plus en plus en approchant de l'anus, avant lequel ils se resserrent de nouveau ; les trois pénultièmes cylindriques et fort courts; le dernier plus long, étranglé et terminé par un entonnoir à limbe très-ouvert, découpé en vingt-cinq à trente dents très-égales, longues et pointues, qui correspondent aux rayons saillans de son intérieur. *Bouche* à lèvre supérieure courte, la lèvre inférieure très-avancée et renflée. *Pieds* situés au bout antérieur des segmens ou à leur bout postérieur, suivant qu'ils sont voisins de la tête ou voisins de l'entonnoir. *Soies* d'un jaune doré. *Anus* entouré à son orifice de douze à quinze papilles charnues. Couleur générale rougeâtre, avec quelques reflets.

2. Clymene Uranthus. *Clymène Uranthe.*

Autre espèce nouvelle, des côtes de l'Océan, découverte par M. d'Orbigny. Individu communiqué par M. Latreille.

Corps long de cinq pouces ou environ, comme dans l'espèce précédente, mais plus gros du double, d'ailleurs très-semblable, composé de vingt-cinq segmens, sur lesquels dix-neuf portent les soies subulées. Les quatorze premiers de ces dix-neuf segmens à peu près cylindriques et droits; les cinq derniers rétrécis antérieurement, renflés postérieurement, très-arqués: l'opercule antérieur n'a que huit crénelures; le postérieur constitue un entonnoir peu évasé, fort remarquable par son limbe découpé en trente-huit dents inégales, dont dix-neuf, plus grandes et plus aiguës, alternent avec les autres; ces trente-huit dents correspondent aux nombreux rayons saillans dans l'intérieur et aux petites papilles qui sont disposées sur deux cercles autour de l'anus. La lèvre supérieure de la bouche est plus avancée que l'inférieure. Couleur d'un brun uniforme, les soies jaune brun.

3. CLYMENE lumbricalis. *Clymène lombricale.*

Sabella lumbricalis. *OTH. FABR. Faun. groenl. pag. 374, n.° 369.*

Je n'ose réunir cette Clymène à la précédente, parce que la description d'Othon Fabricius, suffisante pour constater l'identité du genre, ne l'est pas pour constater celle de l'espèce. Elle est rousse, avec des anneaux blancs, et indigène des côtes de l'Océan septentrional.

OBSERVATION. — Voyez et comparez aux Annelides de cette famille:

1.° Le *Lumbricus tubicola* de Müller, *Zool. dan. pl. 75,* qui représente un individu vraisemblablement incomplet par la perte de quelques-uns de ses anneaux postérieurs; c'est le *Tubifex marinus* de M. de Lamarck;

2.° Le *Lumbricus sabellaris* du même, *loc. cit. pl. 104, fig. 5;* individu qui me semble avoir perdu quelques-uns de ses anneaux antérieurs;

3.° Le *Lumbricus capitatus* d'Othon Fabricius, *Faun. groenl. n.° 263.*

SEPTIÈME FAMILLE.

LES TELÉTHUSES, TELETHUSÆ.

BRANCHIES compliquées, nombreuses, éloignées des premiers segmens du corps, et insérées sur les segmens intermédiaires le long du dos, à la base supérieure des dernières paires de pieds.

BOUCHE à une seule lèvre circulaire, garnie de courts tentacules.

PIEDS ambulatoires tous semblables, et pourvus également d'une rame dorsale à soies subulées et d'une rame ventrale à soies à crochets (1).

GENRE XXVI, ARENICOLA.

BOUCHE exactement antérieure, saillante, rétractile, entourée d'une lèvre circulaire fort épaisse, hérissée de plusieurs rangs de tentacules obtus.

PIEDS ou *APPENDICES* latéraux du *premier segment* nuls.

PIEDS du *second segment* et des suivans, jusques et compris le *vingtième*, à rame dorsale pourvue d'un faisceau de soies subulées, et à rame ventrale en forme de mamelon transverse, garnie d'un rang de soies à crochets.

Soies subulées dirigées en dehors, presque cylindriques. — *Soies à crochets* alongées, redressées dès leur base, arquées à leur sommet, qui est armé d'une seule dent.

PIEDS du *vingt-unième segment* et des suivans, compris le *dernier*, nuls.

BRANCHIES au nombre de vingt-six, treize de chaque côté, correspondant à la septième paire de pieds et aux paires suivantes, jusqu'à la dix-neuvième et dernière, découpées en plusieurs digitations finement ramifiées.

(1) *INTESTIN* garni vers l'œsophage de deux poches musculeuses qui simulent deux *cœcums.*

La bouche de l'Arénicole a des rapports marqués avec la trompe des Néréides sans mâchoires. Son intestin est droit; il se dilate presque dès sa naissance en un estomac oblong, boursouflé transversalement.

Corps alongé, cylindrique, composé de segmens peu nombreux, mais subdivisés en d'autres anneaux par des sillons circulaires : le premier segment, conique, porte en dessus une petite caroncule trilobée, chargée latéralement de deux mamelons, et rétractile dans une fente transverse; les anneaux qui succèdent au vingtième segment sont courts, nombreux, et forment par leur réunion une queue cylindrique plus grêle que le corps proprement dit, et terminée par un anus orbiculaire. — Animal habitant des cavités profondes, cylindriques, creusées dans le sable, et tapissées de légers fourreaux membraneux (1).

ESPÈCES.

1. Arenicola piscatorum. *Arénicole des pêcheurs.*

Lumbricus marinus (*Aschée* ou *Lesche de mer*). *Bel. De la nat. des poiss. pag. 444.*

Lumbricus marinus. *Linn. Iter W-goth. pag. 189, tab. 3, fig. 6;* et *Syst. nat. ed. 12, tom. I, part. 2, pag. 1077, n.° 2.* — *Oth. Fabr. Faun. groenl. n.° 262.* — *Gmel. Syst. nat. tom. I, part. 6, pag. 3084, n.° 2.*

Nereïs lumbricoïdes. *Pall. Nov. Act. Petrop. tom. II, pag. 233, tab. 5, fig. 19 et 19** peu correctes.

Lumbricus papillosus. *Oth. Fabr. Faun. groenl. n.° 267.* Double emploi du *L. marinus*, mentionné d'après Linné, *n.° 262.*

Lumbricus marinus. *Barbut, Gener. verm. pag. 11, n.° 1, pl. 1, fig. 8.* — *Bruc. Encycl. méth. Helm. pl. 34, fig. 16.*

Lumbricus marinus. *Müll. Zool. dan. part. IV, tab. 155, fig. 1 bis.*

Arenicola piscatorum. *Lam. Syst. des anim. sans vertèbr. pag. 234;* et *Hist. des anim. sans vertèbr. pag. 336, n.° 1.*

Arenicola piscatorum. *Bosc, Hist. des vers, tom. I, pag. 161, pl. 6, fig. 3*, copiée de Barbut.

Arenicola piscatorum. *Cuv. Dict. des scienc. nat. tom. II, pag. 473:* et *Règn. anim. tom. II, pag. 527.*

Arenicola tinctoria. *Leach, Encycl. brit. Suppl. tom. I, pag. 452, n.° 2.*

(1) Je lis dans l'*Histoire des animaux sans vertèbres :* « M. Savigny place l'Arénicole parmi les Annelides serpulées; il assure que l'animal a des soies à crochets » et *qu'il habite dans un tube.* » Comme la fin de ce paragraphe présente un sens équivoque, je crois devoir reproduire ici le passage de mes mémoires que M. de Lamarck avoit alors sous les yeux : « Les Arénicoles » doivent former dans l'ordre des Serpulées une troi- » sième famille, qui sera suffisamment distinguée de la » seconde par la présence des branchies, et de la pre- » mière par la position de ces branchies vers le milieu » du corps. Il est permis de supposer qu'une modifica- » tion si remarquable a quelque relation nécessaire avec » les habitudes particulières à ces animaux, qui *ne peuvent* » *se construire des tuyaux à la surface des corps marins,* » mais qui savent y suppléer *en se pratiquant des cavités* » *cylindriques dans le sable des rivages.* »

Espèce

Espèce très-commune sur les côtes basses et sablonneuses de l'Océan, où elle sert d'appât pour prendre le poisson. « Cet animal fait un objet de commerce, et on le vend assez cher dans les lieux qui n'en produisent pas. On le trouve à un pied et demi ou deux pieds de profondeur. Sa retraite se découvre par de petits cordons de sable dont il s'est vidé. Lorsqu'on le touche, il fait sortir de son corps une liqueur d'un jaune de bile qui fait sur les doigts des taches difficiles à enlever ; mais au mois d'août il ne rend qu'une liqueur laiteuse. » *Cuv. Voyez* Belon, *loc. cit.* et Duméril, *Bulletin des sciences, tome I, page 114.*

Corps long de huit à dix pouces ; la queue, qui en fait le tiers, comprise ; plus ou moins renflé en avant des branchies, à peau épaisse, comme veloutée, complétement couverte de petits mamelons, plats et irréguliers sur la partie antérieure du corps, ronds et grenus sur les anneaux de la queue. Segmens du corps proprement dit subdivisés chacun en cinq anneaux arrondis, dont le premier, plus gros et plus saillant, porte les pieds. *Rames ventrales* d'abord très-petites et très-éloignées des *rames dorsales* ; elles s'en rapprochent graduellement et leur deviennent contiguës après la sixième ou septième paire : elles sont peu proéminentes, et ne s'aperçoivent pas toujours au premier coup-d'œil. Les *branchies* sont aussi d'abord fort petites ; elles grossissent bientôt, et ne diminuent que foiblement près de la queue. Je compte dix-neuf paires de pieds et treize paires de branchies plus ou moins touffues, aux sept individus que j'ai sous les yeux ; nombres qui s'accordent avec ceux qu'ont indiqués Pallas, Othon Fabricius, et MM. Leach et Cuvier. Je ne sais pourquoi Abildgaard, dans Müller, attribue à son *Lumbricus marinus* vingt-quatre paires de pieds et quatorze paires de branchies : c'est très-probablement une erreur. Couleur cendré rougeâtre, avec les papilles d'un bleu sombre changeant en verdâtre et en violet ; quelquefois roux ferrugineux. *Soies* d'un brun doré très-brillant. Les branchies de l'animal vivant s'épanouissent beaucoup quand le sang les remplit, et deviennent d'un très-beau rouge.

2. Arenicola carbonaria. *Arénicole noire.*

Arenicola carbonaria. *Leach, Encycl. britann. Suppl. tom. I, pag. 452, n.° 1, tab. 26, fig. 4.*

Espèce des côtes de l'Angleterre, qui diffère, suivant M. Leach, de la précédente par sa couleur d'un noir de charbon. La figure qui accompagne cette courte description, n'offre que douze paires de branchies, par l'omission de la première paire, qui n'est peut-être que fort petite ou sujette à se retirer dans l'intérieur. L'Arénicole ordinaire est elle-même représentée tantôt avec douze paires de branchies, tantôt avec treize paires.

Observation. — Beaucoup de naturalistes ont cru pouvoir associer aux Serpules et comprendre dans le même ordre les coquilles tubuleuses qui constituent les genres Arrosoir, *Penicillus*, Dentale, *Dentalium*, et Siliquaire, *Siliquaria*. Les animaux de ces trois genres sont peu ou point connus, et nous n'avons rien à en dire ici. Nous observerons seulement que leurs enveloppes calcaires, loin de révéler la famille à laquelle ils appartiennent, ne fournissent même pas les indices nécessaires pour constater qu'ils soient de véritables Annelides (1).

(1) Mon sentiment, à l'égard de ces tubes calcaires, est maintenant appuyé par un fait positif. J'ai sous les yeux l'animal du *Dentalium Entalis*, que M. Leach vient de m'envoyer, et je ne lui trouve pas à l'extérieur le moindre vestige d'articulations : il n'a certainement ni pieds ni soies. C'est un animal très-musculeux, de forme conique comme sa coquille, très-lisse et très-uni dans son contour, terminé postérieurement par une queue distincte, roulée en demi-cornet, au fond de laquelle est l'anus : la grosse extrémité du corps est tronquée, avec une ouverture voûtée assez semblable à la bouche d'un Trochus, de laquelle sort un panache conique produit par l'entrelacement d'une innombrable quantité de petits tentacules filiformes, très-longs, terminés tous en masse. Voilà des points que je peux donner pour certains. Je soupçonne en outre que l'animal est pourvu d'une trompe, et que, dans son développement complet, il déploie un luxe de tentacules beaucoup plus grand encore que celui que l'état de contraction laisse d'abord supposer. Le tube intestinal, qui descend entre deux énormes colonnes de muscles, me paroit aller droit à l'anus et n'être accompagné d'aucun viscère remarquable. Ces observations faites à la hâte suffisent néanmoins pour prouver que la Dentale n'est point une Annelide, et qu'elle pourroit même être exclue de la division des animaux articulés.

ORDRE III.

LES ANNELIDES LOMBRICINES,
ANNELIDES LUMBRICINÆ.

LES Annelides de cet ordre étant privées d'*yeux*, d'*antennes* et de *pieds*, le sont aussi de la plupart des organes qui accompagnent ordinairement ceux-là; de sorte qu'elles manquent encore de *mâchoires*, de *cirres*, de *branchies* saillantes, et que, sans les *soies* mobiles dont elles sont pourvues, leur conformation extérieure seroit parvenue au dernier degré de simplicité.

La *bouche* est nue ou tentaculée.

Les *soies* sont rarement métalliques, et non moins rarement rétractiles; elles ne sont point groupées par faisceaux, mais isolées, ou tout au plus rapprochées par paires, qui, dans leur disposition sur les côtés des segmens, représentent encore assez bien les rames des Annelides précédentes. Elles varient pour la forme, et sont quelquefois hérissées de petites épines mobiles. Il ne paroît pas qu'elles réunissent jamais les attributs particuliers aux soies à crochets.

L'*anus* s'ouvre derrière ou dessous le dernier segment.

Les caractères, tant extérieurs qu'intérieurs, au moyen desquels on peut diviser les Annelides Lombricines, semblent moins indiquer deux familles que deux ordres; les ANNELIDES ÉCHIURÉES et les ANNELIDES LOMBRICINES. Nous les réunirons provisoirement en un seul. Le petit nombre des espèces que comprendroient ces ordres, autorise une association d'ailleurs naturelle, et qui ne nuira point à la clarté (1).

(1) Les *ÉCHIURES* (genre THALASSEMA) ont sous le devant du corps deux soies rapprochées et crochues, qui répondent à peu près au quatrième segment. Pallas appelle ces deux crochets, *uncinuli genitales*, et les croit utiles à ces animaux dans l'accouplement.

Les *LOMBRICS* (genres ENTERION et HYPOGÆON) n'offrent pas de pareilles soies: mais ils ont une sorte de ceinture, convexe en dessus et sur les côtés, plane en dessous, qui se compose de la réunion et du renflement d'un petit nombre d'anneaux de la partie antérieure du corps; ils possèdent en outre douze petits creux ou pores transverses, ouverts sur autant de mamelons saillans sous le ventre, six pour le sexe mâle, à ce qu'il paroît, et six pour le sexe femelle. Les premiers sont disposés par paires sous les dixième, onzième et douzième segmens; les derniers sont placés plus en arrière, sous la ceinture, et correspondent généralement au trente unième segment, au trente-troisième et au trente-cinquième.

DISTRIBUTION ET CARACTÈRES
DES
ANNELIDES LOMBRICINES.

FAMILLE 8. *LES ÉCHIURES,* ECHIURI.

Des *soies rétractiles* distribuées par rangs circulaires.

27. THALASSEMA. *Bouche* non rétractile, située dans la cavité d'un ample tentacule plié longitudinalement et ouvert en dessous. — Deux *soies* prismatiques et crochues sous l'extrémité antérieure du corps, et des anneaux de soies plus petites à son extrémité postérieure.

FAMILLE 9. *LES LOMBRICS,* LUMBRICI.

Des *soies non rétractiles* distribuées par rangs longitudinaux.

28. ENTERION. *Bouche* à deux lèvres rétractiles ; la lèvre supérieure avancée. — *Soies* disposées sur huit rangs rapprochés de chaque côté par paires.

29. HYPOGÆON. *Bouche* à deux lèvres rétractiles ; la lèvre supérieure avancée. — *Soies* disposées sur neuf rangs : le rang intermédiaire supérieur ; les huit autres disposés de chaque côté par paires.

LES ANNELIDES LOMBRICINES.

HUITIÈME FAMILLE.

LES ÉCHIURES, ECHIURI.

BRANCHIES nulles; l'organe de la respiration s'arrête à la surface de la peau.

BOUCHE non rétractile, tentaculée, ou du moins pourvue extérieurement d'un appendice charnu et extensible, qui paroît constituer un véritable tentacule.

PIEDS ou *APPENDICES* latéraux remplacés par des rangs circulaires de soies métalliques distribuées sur certains anneaux du corps. *SOIES* complétement rétractiles, la plupart très-simples; point de soies à crochets (1).

GENRE XXVII, THALASSEMA.

BOUCHE très-petite, exactement antérieure, renfermée dans la base d'un large et grand *tentacule* courbé en forme de cuilleron, ouvert par-dessous.

SOIES droites, plates, lisses, disposées sur deux rangs circulaires à l'extrémité postérieure du corps. Deux soies plus fortes et crochues, rapprochées et situées sous son extrémité antérieure.

CORPS mou, cylindrique, obtus en arrière, aminci en devant, composé d'anneaux très-nombreux et très-serrés, entourés chacun d'un cercle de papilles glanduleuses, plus saillantes vers l'extrémité postérieure du corps, qui se termine par un petit anus circulaire (2).

(1) *INTESTIN* très-grêle et très-long, faisant plusieurs replis flottant dans la cavité abdominale, dépourvu de *cœcums*.

(2) Pallas, qui a décrit le Thalassème avec beaucoup de soin, observe que les deux cercles postérieurs de soies métalliques sont interrompus par-dessous. Il remarque ailleurs que les cercles de papilles glanduleuses sont plus grands par intervalles; ce qui tendroit à faire penser que dans ce genre, comme dans l'Arénicole, le nombre réel des segmens est inférieur à leur nombre apparent. L'individu que j'examine a des cercles de soies métalliques complets, et des cercles de papilles, à la vérité, sensiblement inégaux, mais qui n'offrent point dans cette inégalité de disposition régulière.

ESPÈCE.

1. THALASSEMA vulgaris. *Thalassème ordinaire.*

Lumbricus Echiurus. *PALL. Misc. zool. pag. 146, tab. 11, fig. 1-6;* et *Spicil. zool. fasc. 10, pag. 3, tab. 1, fig. 1-5.—BRUG. Encycl. méth. Helm. pl. 35, fig. 3-7. —GMEL. Syst. nat. tom. I, part. 6, pag. 3085, n.° 9.*

Thalassema Echiurus. *CUV. Bullet. des sciences;* et *Règn. anim. tom. II, pag. 529.* —Thalassema rupium. *LAM. Syst. des anim. sans vertèbr. pag. 339 (synonym. exclud.).* — Thalassema Echiurus. *LAM. Hist. des anim. sans vertèbr. tom. V, pag. 300, n.° 1.*

Thalassema Echiurus. *BOSC, Hist. des vers, tom. I, pag. 221, pl. 8, fig. 2 et 3,* copiées de Pallas.

Thalassema aquatica. *LEACH, Encycl. britann. Suppl. tom. I, pag. 451.*

Espèce non moins commune sur les côtes sablonneuses de l'Océan que l'Arénicole, employée de même comme appât par les pêcheurs. Communiquée par M. Cuvier.

CORPS long de trois pouces, formé de segmens peu distincts. *Tentacule* ou *cuilleron* ridé finement en travers, réfléchi en dessus par le bout, plus ou moins obtus : ce tentacule a la consistance de ceux des Térébelles et des Amphictènes ; il n'est pas moins fragile, ni moins sujet à se détacher; en un mot, il semble représenter ces nombreux filets réunis en un seul organe. *Soies* d'un jaune d'or très-brillant. Couleur de la peau cendré clair. J'ai sous les yeux de petits individus dans lesquels les papilles et les soies métalliques de l'extrémité postérieure du corps ne sont pas visibles.

NEUVIÈME FAMILLE.

LES LOMBRICS, LUMBRICI (1).

Branchies nulles; l'organe respiratoire ne dépassant point la surface de la peau.

Bouche rétractile, à deux lèvres, sans aucun tentacule.

Pieds ou *appendices* latéraux remplacés par des soies non fasciculées, distribuées sur tous les segmens, et formant par leur disposition des rangées longitudinales sur le corps. *Soies* non rétractiles, sans éclat métallique; point de soies à crochets (2).

GENRE XXVIII, Enterion.

Bouche petite, un peu renflée, à deux lèvres : la lèvre supérieure avancée en trompe obtusément lancéolée, fendue en dessous; l'inférieure très-courte.

Soies courtes, âpres, comme onguiculées, au nombre de huit à tous les segmens, quatre de chaque côté réunies par paires (3); formant par leur distribution sur le corps huit rangs longitudinaux, savoir, quatre latéraux et quatre inférieurs.

Corps cylindrique, obtus à son bout postérieur, alongé, composé de segmens courts et nombreux, plus distincts vers la bouche que vers l'anus : six à neuf des segmens compris entre le vingt-sixième et le trente-septième renflés, formant à la partie antérieure et supérieure du corps une sorte de ceinture; le dernier segment pourvu d'un anus longitudinal.

ESPÈCE.

1. Enterion terrestre. *Entérion* ou *Lombric terrestre.*

Lumbricus terrestris. *Linn. Syst. nat. tom. I, part. 2, pag. 1076, n.° 1 (varietate γ exclusâ).* — *Gmel. Syst. nat. tom. I, part. 6, pag. 3083, n.° 1.*

Lumbricus terrestris. *Müll. Hist. verm. tom. I, part. 2, pag. 24, n.° 157.*

Lumbricus terrestris. *Cuv. Règn. anim. tom. II, pag. 529.*

Lumbricus terrestris. *Lam. Hist. des anim. sans vertèbr. tom. V, pag. 299, n.° 1.*

(1) Ἀσκαειδες (ἐπίγαιοι), Lumbrici (terrestres) *antiquorum*; Ἔντερα γῆς *Aristotelis.*

(2) *Intestin* dépourvu de *cæcums*, allant droit à l'anus.

(3) La paire de soies supérieure répond évidemment, dans ce genre, à la rame dorsale des Néréidées; et la paire inférieure, à leur rame ventrale; mais la soie surnuméraire et impaire du genre suivant ne répond à rien.

Espèce très-connue, commune, à ce que l'on croit, aux deux continens.

Corps long communément de cinq à six pouces, quelquefois de près d'un pied, ayant de cent à deux cents segmens, suivant l'âge. J'ai compté deux cent quarante-huit segmens sur un très-grand individu ; il y avoit deux pores sous le quinzième, et douze autres, moins profonds, distribués comme je l'ai dit plus haut. Le nombre des anneaux de la partie antérieure, jusques et compris la ceinture, ne paroît pas beaucoup varier. Couleur rougeâtre.

Observation.—Le *Lumbricus arenarius* d'Othon Fabricius, *Faun. groenl. n.° 264.* et son *L. minutus, n.° 265, fig. 4*, n'ont que deux rangs de soies. Ce caractère me paroît suffire pour les faire distinguer génériquement sous le nom de Clitellio : on leur adjoindroit provisoirement le *Lumbricus vermicularis* du même, *n.° 259*, quoiqu'il manque de ceinture. La plupart des autres espèces prises pour des Lombrics par cet auteur ou par Müller, comme le *Lumbricus armiger*, le *L. cirratus*, dont M. de Lamarck fait un genre particulier sous le nom de *Cirratulus*, le *L. fragilis*, le *L. squamatus*, &c. paroissent bien être des Annelides tout-à-fait étrangères à cet ordre.

GENRE XXIX, Hypogæon.

Bouche petite, à deux lèvres : la lèvre supérieure avancée en trompe un peu lancéolée, fendue en dessous; l'inférieure très-courte.

Soies longues, épineuses, très-aiguës, au nombre de neuf à tous les segmens, une impaire et quatre de chaque côté réunies par paires; formant toutes ensemble par leur distribution sur le corps neuf rangs longitudinaux, savoir, un supérieur ou dorsal, quatre exactement latéraux, et quatre inférieurs.

Corps cylindrique, obtus à son bout postérieur, alongé, composé de segmens courts et nombreux, moins serrés et plus saillans vers la bouche que vers l'anus : dix des segmens compris entre le vingt-sixième et le trente-neuvième renflés, s'unissant pour former à la partie antérieure du corps une ceinture; le dernier segment pourvu d'un anus longitudinal.

ESPÈCE.

1. Hypogæon hirtum. *Hypogéon hérissé.*

Espèce des environs de Philadelphie, communiquée par M. Cuvier.

Corps composé de cent six segmens, conformé exactement comme dans le *Lombric terrestre*, et de la même couleur. Les quatorze pores sont très-visibles. Toutes les *soies* sont brunes, fragiles et caduques. La *ceinture*, souvent encadrée de brun en dessus, y est entièrement recouverte de soies inégales, disposées confusément, d'ailleurs semblables aux autres et de même hérissées de petites épines.

ORDRE IV.

ORDRE IV.

LES ANNELIDES HIRUDINÉES, ANNELIDES HIRUDINEÆ.

LES animaux articulés compris dans ce quatrième ordre ont des *yeux :* ils manquent de pieds et de soies pour la locomotion ; mais la cavité préhensile, ou la *ventouse*, qui termine chacune de leurs extrémités, et les vives et faciles contractions de leur corps, y suppléent. La *bouche*, sans trompe musculeuse ni tentacules, et cependant armée de parties qui font l'office de *mâchoires*, est placée au fond de la ventouse antérieure, et l'*anus*, à l'extrémité du dos sur la base de la ventouse postérieure.

Il est à croire que les Annelides sans soies constituent une division essentiellement distincte des Annelides sétifères. Les HIRUDINÉES viennent naturellement se placer à la tête de cette seconde division ; leurs yeux, leurs mâchoires, la fréquence et l'agilité de leurs mouvemens, prouvent que ces animaux sont aussi favorablement organisés que ceux de notre premier ordre, quoiqu'ils le soient sur un plan différent. Comme ce plan n'admet point les mêmes appendices latéraux extérieurs, les Annelides Hirudinées sont privées non-seulement de rames et de soies, mais encore d'antennes, de cirres, d'élytres, et le plus souvent de branchies (1).

(1) Des circonstances imprévues ne m'ayant pas permis, à l'époque où je rédigeai ce système, de donner aux généralités du quatrième ordre les développemens nécessaires, je vais tâcher d'y suppléer en mettant en note quelques éclaircissemens.

Le *corps* des Hirudinées est, comme celui des autres Annelides, formé de plusieurs segmens : mais ces segmens sont quelquefois si peu marqués, qu'il devient impossible de les compter et d'en déterminer exactement le nombre ; ils sont presque toujours très-serrés vers la bouche.

Le premier des segmens et quelques-uns des suivans, soit séparés les uns des autres, soit réunis en une seule pièce apparente, composent la *ventouse antérieure* ou *orale* (capula). Cette ventouse a plus ou moins de profondeur, et paroît cependant peu varier dans le nombre réel de ses articulations : on voit, quand elle est de plusieurs pièces distinctes, que ce nombre n'augmente qu'aux dépens de celui des anneaux du corps.

La ventouse orale est donc formée de véritables segmens, qui peuvent être compris et que je comprends en effet parmi ceux qui constituent le corps entier. La *ventouse anale* (cotyla) n'est au contraire qu'une expansion du dernier segment du corps, comme le prouve la position de l'anus, qui est ouvert, non au milieu, mais en avant de cette même ventouse, vers sa base supérieure.

On conçoit aisément comment les *yeux* peuvent être réunis sur un seul segment, quand la ventouse orale est inarticulée ; comment, dans le cas contraire, ils peuvent être dispersés sur plusieurs ; comment enfin ils peuvent être situés tous sur la ventouse, ou paroître placés, les uns sur la ventouse, les autres plus en arrière.

Les *branchies* sont ordinairement nulles ; j'entends par cette expression que les surfaces respiratoires sont intérieures et concaves, ou du moins qu'elles ne sont point convexes et ne font aucune saillie à l'extérieur.

Je dois dire quelques mots des deux pores situés l'un derrière l'autre sous la partie antérieure du corps. Ces pores servent à la génération. Ils ne sont jamais séparés que par un petit nombre d'anneaux : mais leur position, relativement au nombre total des segmens, est assez variable, puisque le premier de ces orifices paroît s'ouvrir, tantôt sous le dix-septième, tantôt sous le vingt-septième, ou plus loin encore ; différence qui dépend évidemment, en partie, du nombre des segmens qui sont restés divisés entre eux, ou qui se sont intimement unis pour former la ventouse orale, quand celle-ci est d'une seule pièce.

DISTRIBUTION ET CARACTÈRES

DES

ANNELIDES HIRUDINÉES.

FAMILLE 10. *LES SANGSUES*, HIRUDINES.

Corps terminé, à chaque extrémité, par une cavité dilatable, préhensile, faisant les fonctions de ventouse. — *Bouche* située dans la ventouse antérieure ou orale, pourvue de trois mâchoires. — Des *yeux*.

SECTION 1.re Des *branchies* saillantes. — *Ventouse orale* d'une seule pièce, séparée du corps par un fort étranglement ; ouverture circulaire. (*SANGSUES BRANCHELLIENNES.*)

30. BRANCHELLION. *Ventouse orale* très-concave. — *Mâchoires* réduites à trois points saillans. — Huit *yeux* disposés sur une ligne transverse ? — *Ventouse anale* ou *postérieure* exactement terminale.

SECTION 2. Point de *branchies*. — *Ventouse orale* d'une seule pièce, séparée du corps par un fort étranglement ; ouverture sensiblement longitudinale. (*SANGSUES ALBIONIENNES.*)

31. ALBIONE. *Ventouse orale* très-concave. — *Mâchoires* réduites à trois points saillans. — Six *yeux* disposés sur une ligne transverse ? — *Ventouse anale* exactement terminale.

32. HÆMOCHARIS. *Ventouse orale* peu concave. — *Mâchoires* réduites à trois points saillans. — Huit *yeux* réunis par paires disposées en trapèze. — *Ventouse anale* obliquement terminale (1).

(1) Je ne puis me faire une idée nette des affinités naturelles du genre *Phylline* récemment établi par M. Ocken, adopté par M. de Lamarck, et dans lequel je vois figurer l'*Hirudo grossa* et l'*Hirudo Hippoglossi* de Müller. Je présume seulement que la première de ces deux espèces a sa ventouse orale d'un seul article, et que ce caractère, joint à l'absence des branchies, lui assigne une place dans la présente section.

Le genre *Trocheta* ou *Trochetia*, découvert par M. Dutrochet, et mentionné également par M. de Lamarck, offre des rapports si marqués avec nos Sangsues ordinaires, qu'on peut croire qu'il leur ressemble par la multiplicité des articulations de sa ventouse orale, et qu'il doit se ranger avec elles dans la section suivante.

SECTION 3. Point de *branchies*. — *Ventouse orale* de plusieurs pièces, peu ou point séparée du reste du corps; ouverture transverse, comme à deux lèvres, la lèvre inférieure rétuse. (*SANGSUES BDELLIENNES.*)

33. BDELLA. *Ventouse orale* assez concave, à lèvre supérieure demi-circulaire, creusée par-dessous d'un canal en triangle. — *Mâchoires* grandes, ovales, sans denticules. — Huit *yeux* disposés sur une ligne courbe, les deux postérieurs un peu isolés. — *Ventouse anale* obliquement terminale.

34. SANGUISUGA. *Ventouse orale* peu concave, à lèvre supérieure très-avancée, presque lancéolée. — *Mâchoires* grandes, très-comprimées, à deux rangs de denticules nombreux et serrés. — Dix *yeux* disposés sur une ligne courbe, les quatre postérieurs plus isolés. — *Ventouse anale* obliquement terminale.

35. HÆMOPIS. *Ventouse orale* peu concave, à lèvre supérieure très-avancée, presque lancéolée. — *Mâchoires* grandes, ovales, non comprimées, à deux rangs peu nombreux de denticules. — Dix *yeux* disposés sur une ligne courbe, les quatre postérieurs plus isolés. — *Ventouse anale* obliquement terminale.

36. NEPHELIS. *Ventouse orale* peu concave, à lèvre supérieure avancée en demi-ellipse. — *Mâchoires* réduites à trois plis saillans. — Huit *yeux* : les quatre antérieurs disposés en lunule ; les quatre postérieurs rangés de chaque côté sur une ligne transverse. — *Ventouse anale* obliquement terminale.

37. CLEPSINE. *Ventouse orale* peu concave, à lèvre supérieure avancée en demi-ellipse. — *Mâchoires* réduites à trois plis saillans. — Deux *yeux*, ou quatre à six disposés sur deux lignes longitudinales. — *Ventouse anale* exactement inférieure.

1. Deux *yeux*.
2. Plus de deux *yeux*.

LES ANNELIDES HIRUDINÉES.

DIXIÈME FAMILLE.

LES SANGSUES, HIRUDINES (1).

Branchies simples ou très-peu compliquées, le plus souvent nulles.

Bouche située dans la cavité antérieure de la ventouse orale, armée de trois papilles dures ou mâchoires, deux latérales et une supérieure, disposées en triangle, longitudinales, lisses ou denticulées, semblables entre elles.

Yeux au nombre de deux à dix, rassemblés sur le premier segment apparent, ou du moins compris dans l'espace occupé par ce premier segment et les cinq qui suivent (2), portés tous, ou à peu près tous, par la ventouse orale, quelquefois peu distincts (3).

Ventouse orale ou antérieure, tantôt d'un seul segment apparent, tantôt de huit à dix, jamais d'un plus grand nombre, à bord supérieur avancé sur l'inférieur.

Ventouse anale ou postérieure plus grande que l'orale, consistant en un disque d'une seule pièce, dilatable, concave et orbiculaire. Ces deux organes préhensiles, en se fixant alternativement sur les plans solides, concourent au mouvement progressif qui s'opère à l'aide de l'extension et de la contraction successives de tous les anneaux du corps; l'aplatissement du corps et ses mouvemens vifs et ondulés suffisent seuls pour faire avancer l'animal dans un milieu liquide (4).

(1) Βδέλλαι, Hirudines *antiquorum.*

(2) On peut supposer que, quelles que soient les apparences, il existe réellement dans tout segment oculifère autant de segmens particuliers qu'il y a de paires d'yeux. Mais ceci n'est plus de notre sujet.

(3) Ces yeux se manifesteroient plus souvent à l'observateur, s'il pouvoit toujours les chercher sur des individus vivans.

(4) *Intestin* droit, pourvu d'un long estomac divisé en plusieurs cavités opposées et transverses, et généralement garni vers le pylore de deux *cœcums*, qui descendent jusque près de l'anus.

GENRE XXX, BRANCHELLION.

Bouche très-petite, rapprochée du bord inférieur de la ventouse orale.

Mâchoires réduites à trois points saillans.

Yeux au nombre de huit, disposés sur une ligne transverse derrière le bord supérieur de la ventouse!

Ventouse orale d'un seul segment, séparée du corps par un fort étranglement, très-concave ; l'ouverture inclinée, circulaire, garnie extérieurement d'un rebord.

Ventouse anale grande, très-concave, dirigée en arrière et très-exactement terminale.

Branchies nombreuses, très-comprimées, très-minces à leur bord, formant autant de feuillets demi-circulaires, insérés sur les côtés des segmens intermédiaires et postérieurs du corps, deux à chaque segment.

Corps alongé, déprimé, formé de segmens assez nombreux : les treize premiers, après la ventouse orale, nus, très-serrés, constituant une partie rétrécie et cylindrique, distinguée du reste du corps par un étranglement; le quatorzième et les suivans portant les branchies, le dernier égalant au moins trois des précédens en longueur; le vingt-unième et le vingt-quatrième offrant les orifices de la génération (1).

ESPÈCE.

1. BRANCHELLION Torpedinis. *Branchellion de la Torpille.*

Branchiobdellion. RUDOLPHI, *Collect.*

Espèce marine qui vit sur la Torpille, &c. découverte sur les bords de l'Océan par M. d'Orbigny. La même envoyée de Naples par M. Rudolphi, communiquée par M. Cuvier.

Corps long de douze à quinze lignes, formé, autant qu'on peut en juger, de quarante-neuf anneaux, la ventouse orale étant comprise, et garni, sur les trente-cinq dont se composent ses quatre cinquièmes postérieurs, de trente-cinq paires de branchies légèrement ondulées, d'ailleurs très-entières. *Ventouse orale* des deux tiers moins grande que l'*anale*. Couleur brun noirâtre.

Observation. — On pourroit, en modifiant légèrement le caractère naturel de ce genre, y introduire dans une tribu particulière l'*Hirudo branchiata* d'Archibald Menzies (2), sous le nom de BRANCHELLION pinnatum.

(1) On sait que le premier de ces orifices donne passage à l'organe sexuel mâle.

(2) *Hirudo branchiata, depressa, attenuata, albida, setis (branchiis) lateralibus ramosis utrinque septem, interaneis fuscis, bifidis, pellucentibus.* ARCH. MENZ. Trans. linn. soc. tom. I, pag. 188, tab. 17, fig. 3.

Cette curieuse espèce de Sangsue porte de chaque côté sept branchies à trois divisions linéaires subdivisées chacune en deux autres. Elle est indigène de l'Océan pacifique, où elle vit fixée sur les Tortues.

GENRE XXXI, ALBIONE.

Bouche très-petite, située dans le fond de la ventouse orale, plus près de son bord inférieur.

Mâchoires réduites à trois points saillans peu visibles.

Yeux au nombre de six, placés sur une ligne transverse derrière le bord supérieur de la ventouse!

Ventouse orale d'un seul segment, séparée du corps par un fort étranglement, très-concave, en forme de godet; l'ouverture oblique, elliptique et sensiblement longitudinale, garnie d'un rebord.

Ventouse anale très-concave, bordée, exactement terminale.

Branchies nulles.

Corps cylindrico-conique, aminci vers la ventouse antérieure, composé d'anneaux inégaux, hérissés de verrues; les huit anneaux compris entre le quinzième et le vingt-quatrième, courts et serrés, offrant, dans la jonction du dix-septième au dix-huitième et dans celle du vingtième au vingt-unième, les deux orifices de la génération.

ESPÈCES.

1. ALBIONE muricata. *Albione épineuse.*

Hirudo marina *(Sangsue marine).* Rond. *Hist. des poiss. part. 2, pag. 77, avec figure.*

Hirudo muricata. *Linn. Mus. Adolph. Frid. tom. I, pag. 93, tab. 8, fig. 3,* représentant un individu dont la ventouse postérieure semble avoir été mutilée à dessein; et *Syst. nat. ed. 12, tom. I, part. 2, pag. 1080, n.° 9.* — *Gmel. Syst. nat. tom. I, part. 6, pag. 3098, n.° 9.*

Hirudo muricata. *Cuv. Règn. anim. tom. II, pag. 532.*

Pontobdella spinulosa. *Leach, Miscell. zool. tom. II, pag. 12, tab. 65, fig. 1 et 2.*

Pontobdella muricata. *Lam. Hist. des anim. sans vertèbr. tom. V, pag. 293, n.° 1.*

Espèce des mers d'Europe, très-commune sur nos côtes, où elle s'attache aux Raies et à d'autres poissons.

Corps long de trois à quatre pouces, très-coriace, formé de cinquante-huit, soixante-trois, soixante-cinq segmens inégaux, portant autant de rangées circulaires de verrues épineuses ; les grands segmens généralement séparés de trois en trois par un segment plus petit. *Ventouse orale* garnie à son bord de six verrues semblables aux autres, et de même armées d'une ou plusieurs petites pointes. *Ventouse anale* un peu plus grande que l'orale, peu séparée du corps, légèrement bordée ; elle est dirigée en arrière, et très exactement terminale. Couleur cendré verdâtre, quelquefois maculé de brun en dessus, avec les verrues d'un gris plus clair.

2. ALBIONE verrucata. *Albione verruqueuse.*

Hirudo piscium. *Bast. Opusc. subs. tom. I, lib. 2, pag. 95, tab. 10, fig. 2.* — *Brug. Encycl. méth. Helm. pl. 52, fig. 5.*

Pontobdella verrucata. *Leach, Miscell. zool. tom. II, pag. 11, tab. 64, fig. 1, 2.*

Espèce distinguée et caractérisée par M. Leach, qui remarque, à ce sujet, que les auteurs ont confondu sous les noms d'*Hirudo muricata* et d'*Hirudo piscium* plusieurs espèces réellement différentes. Le caractère qu'il regarde comme propre à celle-ci, consiste dans ses rangées circulaires de verrues obtuses. Je crois en découvrir un autre sur la figure citée de Baster, et sur celle que M. Leach lui-même a publiée : il existeroit dans la proportion relative des anneaux du corps, dont les plus grands seroient les moins nombreux, et alterneroient avec trois anneaux plus petits ; disposition exactement inverse de celle qu'offre l'espèce précédente.

GENRE XXXII, HÆMOCHARIS.

Bouche très-petite, située dans le fond de la ventouse orale, plus près du bord inférieur.

Mâchoires réduites à trois points saillans.

Yeux au nombre de huit, réunis par paires, deux antérieures, deux postérieures, disposées en trapèze sur la base supérieure de la ventouse ; les deux paires antérieures plus écartées.

Ventouse orale d'un seul segment, séparée du corps par un fort étranglement, peu concave, en forme de coupe ; l'ouverture oblique, elliptique, avec un léger rebord.

Ventouse anale assez concave, sous-elliptique, non bordée, obliquement terminale.

Branchies nulles.

Corps cylindrique, légèrement aminci vers la ventouse antérieure, composé d'anneaux point saillans, peu distincts, qui paroissent assez nombreux ; le dix-septième segment ! et le vingtième ! portant les orifices de la génération

ESPÈCE.

1. HÆMOCHARIS piscium. *Hæmocharis des poissons.*

Hirudo geometra. *LINN. Faun. suec. n.° 283;* et *Syst. nat. ed. 12, tom. I, part. 2, pag. 1080, n.° 8.*

Hirudo piscium. *MÜLL. Hist. verm. tom. I, part. 2, pag. 43, n.° 172. — GMEL. Syst. nat. tom. I, part. 6, pag. 3097, n.° 8.*

Hirudo piscium. *ROES. Insect. tom. III, pag. 199, tab. 32. — BRUG. Encycl. méthod. Helm. pl. 51, fig. 12-19.*

Piscicola piscium. *LAM. Hist. des anim. sans vertèbr. tom. V, pag. 294, n.° 1.*

Espèce qui vit dans les eaux douces de l'Europe, et qui paroît s'attacher de préférence aux Cyprins. On a remarqué qu'elle se déplaçoit en se courbant à la manière des chenilles arpenteuses.

CORPS long de dix à douze lignes, grêle, lisse, terminé par des *ventouses* inégales, la postérieure double de l'antérieure, légèrement crénelée. *Yeux* noirs; ceux de chaque paire confondus ensemble par une tache brune : les quatre taches représentent en quelque sorte, par leur disposition, les quatre angles tronqués d'un trapèze converti en octaèdre. Couleur générale, blanc jaunâtre, finement pointillé de brun, avec trois chaînes dorsales chacune de dix-huit à vingt taches elliptiques plus claires que le fond et non pointillées, la chaîne intermédiaire mieux marquée que les latérales : deux lignes de gros points bruns sur les côtés du ventre, alternant avec les taches claires du dos. La ventouse anale est rayonnée de brun, et marquée entre les rayons de huit mouchetures noirâtres.

GENRE XXXIII, BDELLA (1).

BOUCHE moyenne, relativement à la ventouse orale.

Mâchoires grandes, dures, ovales, légèrement carénées, dépourvues de denticules.

YEUX peu distincts, au nombre de huit, six sur le premier segment, disposés en ligne demi-circulaire, et deux sur le troisième; ces derniers plus écartés.

VENTOUSE ORALE de plusieurs segmens, séparée du corps par un foible étranglement, assez concave et en forme de godet; l'ouverture sensiblement transverse, à deux lèvres : la lèvre supérieure peu avancée, profondément canaliculée en dessous, formée des trois à quatre derniers segmens, le terminal plus grand, très-obtus; la lèvre inférieure rétuse.

(1) Βδέλλα, nom de la Sangsue chez les Grecs. Les noms génériques créés depuis peu, dans lesquels on a fait entrer celui-ci comme élément, ne me paroissent pas admissibles. *Nomen genericum cui syllaba una vel altera præponitur, ut aliud planè genus quàm antea significet, excludendum est.* LINN. Phil. botan. 228.

VENTOUSE

VENTOUSE ANALE grande, obliquement terminale.

BRANCHIES nulles.

CORPS cylindrico-conique, sensiblement déprimé, alongé, composé de segmens nombreux, courts, très-égaux et très-distincts ; le vingt-sept ou vingt-huitième et le trente-deux ou trente-troisième portant les orifices de la génération.

ESPÈCE.

1. BDELLA nilotica. *Bdelle* ou *Sangsue du Nil* (1).

BDELLA nilotica. *Annelides gravées, planche V, figure 4* ; individu des environs du Caire.

Espèce nouvelle des eaux douces de l'Égypte. En arabe, *Alak.*

CORPS formé, la ventouse comprise, de quatre-vingt-dix-huit segmens carénés sur leur contour, très-égaux. *Ventouse orale* de dix segmens, compris les quatre demi-anneaux de la lèvre supérieure, sous laquelle elle est divisée en deux lobes par un canal triangulaire, bordé, très-profond, dont la base correspond à la mâchoire impaire. *Ventouse anale* quatre à cinq fois plus grande que l'orale, dirigée obliquement en arrière, mince à la circonférence, à disque lisse et très-simple. Couleur brun-marron en dessus, roux vif en dessous.

GENRE XXXIV, SANGUISUGA (2).

BOUCHE grande, relativement à la ventouse orale.

Mâchoires grandes, dures, fortement comprimées, armées sur leur tranchant de deux rangs de denticules très-fins et très-serrés.

YEUX au nombre de dix, disposés en ligne très-courbée, six rapprochés sur le premier segment, deux sur le troisième et deux sur le sixième ; ces quatre derniers plus isolés.

VENTOUSE ORALE de plusieurs segmens, non séparée du corps, peu concave ; l'ouverture transverse, à deux lèvres : la lèvre supérieure très-avancée, presque lancéolée (3), formée par les trois premiers segmens, le terminal plus grand et obtus ; la lèvre inférieure rétuse.

(1) *Crocodilus, cùm in aqua vitam degat, os fert introrsum Hirudinibus*, Βδέλλαις, *refertum...... In ejus os Trochilus penetrans devorat* τὰς Βδέλλας. HERODOT. Hist. lib. II, cap. 68.

(2) J'avois d'abord établi ce genre sous le nom d'HÆMOPIS, et le suivant sous celui de SANGUISUGA. J'ai pensé depuis qu'une disposition inverse de ces noms contrarieroit moins la nomenclature en usage ; elle s'accorde mieux d'ailleurs avec ce passage de Pline : *Diversus Hirudinum, quas* Sanguisugas *vocant, ad extrahendum sanguinem usus est, &c.* Lib. XIII, cap. 10.

(3) La lèvre supérieure des Sangsues ordinaires et des Hæmopis, toujours plus ou moins lancéolée quand elle s'alonge, devient très-obtuse quand elle se raccourcit, et semble même absolument demi-circulaire lorsqu'elle s'est étendue pour exercer la succion. Si l'animal, tranquillement fixé par son disque postérieur, veut se livrer à une sorte de sommeil, cette même lèvre supérieure s'incline sur l'inférieure, et s'y adapte de manière à fermer hermétiquement l'ouverture de la bouche : les yeux cessent alors d'être saillans. Je crois cette dernière remarque applicable à tous les genres qui suivent.

Ventouse anale moyenne, sillonnée de légers rayons dans sa concavité, obliquement terminale.

Branchies nulles.

Corps obtus en arrière, rétréci graduellement en avant, alongé, sensiblement déprimé, composé de segmens nombreux, courts, égaux, saillans sur les côtés, très-distincts; le vingt-sept ou vingt-huitième et le trente-deux ou trente-troisième portant les orifices de la génération.

ESPÈCES.

1. Sanguisuga medicinalis. *Sangsue médicinale.*

Hirudo medicinalis. *Linn. Amœnit. academ. tom. VII, pag. 42;* et *Syst. nat. tom. I, part. 2, pag. 1079, n.° 2.* — *Gmel. Syst. nat. tom. I, part. 6, pag. 3095, n.° 2.*

Hirudo medicinalis. *Müll. Hist. verm. tom. I, part. 2, pag. 37, n.° 167.*

Hirudo medicinalis. *Cuv. Règn. anim. tom. II, pag. 523.*

Hirudo medicinalis. *Leach, Encycl. brit. Suppl. tom. I, part. 2, pag. 451, tab. 26, fig. 2.*

Hirudo medicinalis. *Lam. Hist. des anim. sans vertèbr. tom. V, pag. 290, n.° 1.*

Espèce des eaux douces de l'Europe, très-connue à cause de l'utilité et de la fréquence de son emploi pour les saignées locales.

Corps long de quatre à cinq pouces dans son état moyen de dilatation, mais susceptible de se raccourcir ou de s'alonger de plus de moitié, formé (la ventouse antérieure toujours comprise) de quatre-vingt-dix-huit segmens très-égaux, foiblement carénés sur leur contour, hérissés sur ce même contour de petits mamelons grenus qui se manifestent et s'effacent à la volonté de l'animal; il n'en reste aucune trace après la mort. *Ventouses* inégales: la ventouse *orale* plissée longitudinalement sous sa lèvre supérieure; l'*anale* double de l'autre, à disque un peu radié. Couleur vert foncé sur le dos, avec six bandes rousses, trois de chaque côté; les deux bandes intérieures plus écartées, presque sans taches; les deux mitoyennes marquées d'une chaîne de mouchetures et de points d'un noir velouté; les deux bandes extérieures absolument marginales, subdivisées chacune par une bandelette noire: ventre olivâtre, largement bordé et entièrement maculé de noir.

2. Sanguisuga officinalis. *Sangsue officinale.*

Autre espèce employée à Paris conjointement avec la précédente, dont aucun auteur ne l'a encore distinguée.

Corps de même grandeur que dans la *Sangsue médicinale*, formé du même nombre de segmens, également carénés et susceptibles de se hérisser de petites papilles sur leur carène. Couleur d'un vert moins sombre, avec six bandes supérieures disposées de même, mais très-nébuleuses et très-variables dans leur nuance et dans leur mélange de noir et de roux : le dessous d'un vert plus jaune que le dessus, bordé de noir, sans aucune tache. Les six yeux antérieurs sont très-saillans et paroissent très-propres à la vision.

3. SANGUISUGA granulosa. *Sangsue granuleuse.*

Espèce employée par les médecins de Pondichery, d'où elle a été envoyée par M. Leschenault.

CORPS formé de quatre-vingt-dix-huit segmens garnis sur leur contour d'un rang de grains ou tubercules assez serrés. Je compte trente-huit à quarante de ces tubercules sur les segmens intermédiaires. *Mâchoires* et *ventouses* des deux précédentes. Couleur générale vert brun, avec trois bandes plus obscures sur le dos.

GENRE XXXV, HÆMOPIS.

BOUCHE grande relativement à la ventouse orale.

Mâchoires grandes, dures, ovales, non comprimées, armées de deux rangs peu nombreux de denticules.

YEUX au nombre de dix, disposés en ligne très-courbée, six rapprochés sur le premier segment, deux sur le troisième et deux sur le sixième ; les quatre derniers plus isolés.

VENTOUSE ORALE de plusieurs segmens, non séparée du corps, peu concave ; l'ouverture transverse, à deux lèvres : la lèvre supérieure très-avancée, presque lancéolée, formée par les trois premiers segmens, le terminal plus grand et obtus; la lèvre inférieure rétuse.

VENTOUSE ANALE de moyenne grandeur, simple, obliquement terminale.

BRANCHIES nulles.

CORPS cylindrico-conique, peu déprimé, alongé, composé de segmens nombreux, courts, égaux, très-distincts; le vingt-sept ou vingt-huitième et le trente-deux ou trente-troisième portant les orifices de la génération.

ESPÈCES.

1. HÆMOPIS sanguisorba. *Hæmopis* ou *Sangsue de cheval.*

Hirudo sanguisuga. *LINN. Amœnit. acad. tom. VII, pag. 44;* et *Syst. nat. ed. 12, tom. I, part. 2, pag. 1079, n.° 3.* — *GMEL. Syst. nat. tom. I, part. 6, pag. 3093, n.° 3.*

Hirudo sanguisuga. *MÜLL. Hist. verm. tom. I, part. 2, pag. 39, n.° 168.*

Hirudo sanguisuga. *BOSC. Hist. des vers, tom. I, pag. 246, n.° 3.*

Hirudo sanguisorba. *LAM. Hist. des anim. sans vertèbr. tom. V, pag. 291, n.° 2.*

Grande espèce, fort commune dans les eaux douces de l'Europe, et dont la morsure produit des plaies douloureuses.

CORPS long quelquefois de six pouces, formé de quatre-vingt-dix-huit segmens dans deux individus dont l'un avoit au moins trois fois la taille de l'autre; ces segmens obscurément carénés, très-égaux. *Ventouses* lisses; l'*orale* de moitié plus petite que l'*anale*, opaque, à *yeux* peu distincts : je les ai vus cependant, et je suis certain de leur disposition. *Mâchoires* blanches, armées de neuf doubles denticules noirâtres. Couleur noir verdâtre en dessus, vert jaunâtre en dessous, maculée de brun sur les côtés et souvent sur le dos; les deux sutures latérales d'un jaune plus clair, du moins dans les jeunes individus.

OBSERV. — On remarque sur le dos de cette espèce des points saillans et diaphanes, rangés transversalement, au nombre de six ou environ, sur certains anneaux; il y en a d'abord sur le neuvième et le douzième, puis sur le dix-septième, le vingt-deuxième, le vingt-septième, et ainsi de cinq en cinq jusqu'au quatre-vingt-douzième inclusivement, après lequel on en trouve encore sur le quatre-vingt-quinzième et le quatre-vingt-dix-septième.

Ces points brillans, qui correspondent précisément aux vingt paires de pores situées sous le ventre, ne sont point particuliers à cette Sangsue, ni même au genre Hæmopis; on les voit très-bien sur les *Sangsues médicinale* et *officinale*. Je n'ai point cherché à m'assurer de leur existence sur les espèces des autres genres.

2. HÆMOPIS nigra. *Hæmopis noire.*

Espèce moyenne des environs de Paris; étang de Gentilly.

CORPS grêle, presque cylindrique dans son état habituel de dilatation, composé de quatre-vingt-dix-huit segmens. *Ventouse orale* à lèvre supérieure lisse en dessous, demi-transparente, laissant apercevoir dans l'animal vivant les yeux, qui sont noirs et très-distincts. *Ventouse anale* à disque très-lisse. Les *mâchoires*, non comprimées, ont, dans quelques individus, outre leurs denticules, un petit crochet mobile. Couleur noire en dessus, cendré noirâtre en dessous, sans taches.

3. HÆMOPIS luctuosa. *Hæmopis en deuil.*

Petite espèce des environs de Paris.

CORPS long de douze à quinze lignes, cylindrique, formé de quatre-vingt-dix-huit segmens. *Ventouse orale* à lèvre pellucide et à yeux noirs, très-distincts. *Mâchoires* très-fortes. *Ventouse anale* lisse en dedans. Couleur noire en dessus, avec quatre rangées de points plus obscurs; noirâtre en dessous.

4. HÆMOPIS lacertina. *Hæmopis lacertine.*

Autre petite espèce des environs de Paris.

CORPS long de douze à quinze lignes, un peu déprimé, formé de quatre-vingt-dix-huit segmens. *Yeux* noirs, très-distincts. *Mâchoires* fortes. *Ventouse anale* lisse. Couleur brune sur le dos, avec deux rangées flexueuses de points noirs, inégaux, deux plus gros et plus intérieurs alternant régulièrement avec trois plus petits et plus extérieurs; deux autres rangées latérales de points peu visibles: ventre brun clair.

GENRE XXXVI, NEPHELIS.

BOUCHE très-grande relativement à la ventouse orale.

Mâchoires réduites à trois plis saillans encore très-visibles.

YEUX très-distincts, au nombre de huit, quatre sur le premier segment, en ligne demi-circulaire, et quatre sur les côtés du troisième, en lignes latérales et transverses.

VENTOUSE ORALE de plusieurs segmens, non séparée du corps, peu concave; l'ouverture transverse, à deux lèvres: la lèvre supérieure avancée en demi-ellipse, formée par les trois premiers segmens, le terminal plus grand et obtus; la lèvre inférieure rétuse.

VENTOUSE ANALE de moyenne grandeur, obliquement terminale.

BRANCHIES nulles.

CORPS obtus en arrière, rétréci graduellement en avant, déprimé dans son état habituel, alongé, composé de segmens courts, nombreux, égaux, très-peu distincts; le trente-cinquième segment et le trente-huitième portant les orifices de la génération.

ESPÈCES.

1. NEPHELIS tessellata. *Néphélis marquetée.*

Hirudo vulgaris. *MÜLL. Hist. verm. tom. I, part. 2, pag. 40, n.° 170.* — *GMEL. Syst. nat. tom. I, part. 6, pag. 3096, n.° 4.*

Erpobdella vulgaris. *LAM. Hist. des anim. sans vertèbr. tom. V, pag. 296, n.° 1.*

Espèce que les auteurs ont confondue, sous un même nom, avec quelques autres. Trouvée aux environs de Paris, ruisseaux de Gentilly. Elle aime à se balancer en se tenant fixée par sa ventouse postérieure; habitude qu'elle partage avec les espèces suivantes. Les Néphélis ont encore cela de commun, qu'elles semblent redouter le contact de l'air: elles ne sortent jamais de l'eau volontairement; et si on les en retire, elles périssent au bout de quelques minutes.

Corps long de vingt à vingt-quatre lignes, très-déprimé dans son état le plus habituel, composé de cent deux segmens environ. *Ventouse orale* à lèvre supérieure presque triangulaire, pellucide, et à yeux noirs. *Ventouse anale* assez petite, très-simple. Couleur noirâtre en dessus, avec une rangée transversale de points fauves, souvent coalescens, sur chaque segment; cendrée en dessous.

2. Nephelis rutila. *Néphélis rousse.*

Espèce des ruisseaux des environs de Paris.

Corps long de douze à quinze lignes, très-déprimé, formé d'environ cent segmens. *Yeux* noirs. *Ventouses* très-simples. Couleur rousse, avec quatre rangées dorsales de points bruns.

3. Nephelis testacea. *Néphélis testacée.*

Espèce des environs de Paris.

Corps long de dix à douze lignes, presque cylindrique, formé d'environ cent segmens. *Yeux* noirs. *Ventouses* très-simples. Couleur testacée, sans taches.

4. Nephelis cinerea. *Néphélis cendrée.*

Autre petite espèce des environs de Paris, trouvée dans les mares de la forêt de Fontainebleau, où elle se tient accrochée aux plantes aquatiques.

Corps long de quinze à seize lignes, composé de quatre-vingt-dix-neuf à cent segmens, un peu plus déprimé que dans l'espèce précédente. *Ventouse orale* pellucide, à *yeux* noirs. *Ventouse anale* assez grande et simple. Couleur cendré clair.

GENRE XXXVII, Clepsine.

Bouche grande relativement à la ventouse orale, munie intérieurement d'une sorte de *trompe* exertile, tubuleuse, cylindrique, très-simple (1).

Mâchoires réduites à trois plis peu visibles.

Yeux très-distincts, au nombre de deux, ou de quatre à six disposés sur deux lignes longitudinales.

Ventouse orale de plusieurs segmens, non séparée du corps, peu concave; l'ouverture transverse, à deux lèvres: la lèvre supérieure avancée en demi-ellipse, formée des trois premiers segmens, le terminal plus grand et obtus; la lèvre inférieure rétuse.

(1) Bergmann est le premier qui ait aperçu cette trompe dans l'*Hirudo complanata* de Linné. Müller en a nié l'existence. Kirby, sans en parler, la représente dans la figure que, sous un autre nom, il donne de cette espèce. Je puis affirmer que cette petite trompe, vraisemblablement œsophagienne, existe non-seulement dans l'*Hirudo complanata*, mais encore dans l'*Hirudo bioculata*, et qu'elle est sans doute commune à toutes les espèces de Clepsines. Je conserve dans la liqueur, des individus qui l'ont saillante au dehors de près de deux lignes; ce qui est considérable relativement à la médiocrité de leur taille.

VENTOUSE ANALE médiocre, débordée des deux côtés par les derniers segmens, exactement inférieure.

BRANCHIES nulles.

CORPS légèrement crustacé, déprimé, un peu convexe dessus, exactement plat dessous, rétréci insensiblement et acuminé en devant, très-extensible, susceptible, en se contractant, de se rouler en boule ou en cylindre, composé de segmens courts et égaux; les vingt-cinq ou vingt-sixième et vingt-sept ou vingt-huitième portant les orifices de la génération.

ESPÈCES.

Ire Tribu. CLEPSINÆ *ILLYRINÆ.*

Deux *yeux* situés sur le second segment, un peu écartés.

Corps étroit.

1. CLEPSINE bioculata. *Clepsine bioculée.*

Hirudo bioculata. *BERGM. Act. Stockh. ann. 1757, n.° 4, tab. 6, fig. 9-11.* — *BRUG. Encycl. méth. Helm. pl. 51, fig. 9-11.*

Hirudo bioculata. *MÜLL. Hist. verm. tom. I, part. 2, pag. 41, n.° 171.* — *GMEL. Syst. nat. tom. I, part. 6, pag. 3096, n.° 5.*

Erpobdella bioculata. *LAM. Hist. des anim. sans vertèbr. tom. V, pag. 296, n.° 2.*

Espèce des eaux douces de l'Europe, commune dans les ruisseaux de Gentilly. Elle se tient fortement appliquée contre les pierres, au fond de l'eau, où elle les parcourt à la manière des chenilles arpenteuses, en formant des anneaux complets. Elle ne s'expose jamais entièrement à l'air sec; mais souvent elle monte à fleur d'eau, pour s'y placer dans une position renversée, et s'y promener à l'aide de ses ventouses. Des individus observés au commencement de juillet portoient chacun, sous la partie moyenne du corps, dilatée et courbée en voûte, quinze à vingt petits, qui se tenoient fixés par leur disque postérieur.

CORPS long de neuf à dix lignes, large d'une ligne et demie, plat ou concave en dessous, au gré de l'animal, presque gélatineux, pellucide, formé de soixante-dix segmens qui se séparent sur les côtés et les font paroître dentelés. *Yeux* irréguliers, noirs et brillans. *Trompe* d'un blanc de lait, souvent saillante au dehors. *Ventouse anale* exactement horizontale, en forme de bourlet. Couleur, gris livide, parsemé d'atomes roux ou cendrés : une sorte de callosité brune et saillante sur le onzième anneau, remplacée quelquefois par une simple tache blanche. Lorsque l'animal est repu, on aperçoit l'intestin avec ses divisions en croix et ses deux cœcums postérieurs. Les jeunes individus sont entièrement blancs.

J'ai peine à me persuader que l'*Hirudo pulligera* de Daudin, *Recueil de Mémoires, pag. 19, pl. 1, fig. 1-3*, n'appartienne point à cette espèce.

II.[e] Tribu. CLEPSINÆ *SIMPLICES.*

Six *yeux* rapprochés et placés sur les trois premiers segmens.

Corps large.

2. CLEPSINE complanata. *Clepsine aplatie.*

Hirudo complanata. *LINN. Faun. suec. ed. 2, n.° 2082;* et *Syst. natur. ed. 12, tom. I, part. 2, pag. 1079, n.° 6.*

Hirudo sexoculata. *BERGM. Act. Stockh. ann. 1757, pag. 313, tab. 6, fig. 12-14. — BRUG. Encycl. méth. Helm. pl. 51, fig. 20, 21 et* A.

Hirudo complanata. *MÜLL. Hist. verm. tom. I, part. 2, pag. 47, n.° 175. — GMEL. Syst. nat. tom. I, part. 6, pag. 3097, n.° 6.*

Hirudo crenata. *KIRBY, Trans. linn. soc. tom. II, pag. 318, tab. 29.*

Erpobdella complanata. *LAM. Hist. des anim. sans vertèbr. tom. V, pag. 296, n.° 3.*

Espèce des mêmes lieux que la précédente, non moins commune, et qui a les mêmes allures.

CORPS long de huit à neuf lignes, large de trois, presque crustacé, pellucide, formé de soixante-dix segmens, séparés sur les côtés en manière de dentelures. *Yeux* noirs, irréguliers. *Trompe* blanche, rarement saillante. *Ventouse anale* en bourlet. Couleur, cendré verdâtre ou cendré roussâtre, parsemé d'atomes bruns, et varié en dessus de raies brunes et de mouchetures blanches; deux rangées dorsales de points blancs et saillans, séparés les uns des autres par deux points bruns, chacun des points répondant à un segment : dessous plus pâle. La transparence de la peau laisse voir l'intestin, dont les divisions en croix figurent une jolie feuille ailée : on aperçoit aussi les œufs.

OBSERVATION. — L'*Hirudo hyalina* de Müller me paroît la seule des espèces décrites par cet auteur qui puisse encore entrer dans ce dernier genre.

TABLE

TABLE ALPHABÉTIQUE

DES NOMS LATINS

EMPLOYÉS OU CITÉS DANS LE SYSTÈME DES ANNELIDES (1).

A

(1) Les noms sont écrits dans cette table comme dans le corps de l'ouvrage.

1.° Noms employés :
De famille, GR. CAPIT. ROM.
Génériques, PET. CAPIT. ROM.
De tribu, *PET. CAPIT. ITAL.*
Spécifiques, Bas de c. rom.

2.° Noms cités dans la synonymie :
Génériques, Bas de c. rom.
Spécifiques, de même.

3.° Noms cités dans les observations ou dans les notes :
Génériques, *Bas de c. ital.*
Spécifiques, *de même.*

B

C

D

E

G

H

L

M

N

O

P

S

T

A PARIS, DE L'IMPRIMERIE ROYALE.
Septembre 1820.

www.ingramcontent.com/pod-product-compliance
Lightning Source LLC
LaVergne TN
LVHW020026170826
845678LV00001B/130

* 9 7 8 2 3 2 9 7 7 4 6 8 8 *